Thomas Vogtherr
Einführung in die Urkundenlehre

Thomas Vogtherr

Einführung in die Urkundenlehre

2., überarbeitete Auflage

Umschlagabbildung:
»Großer Brief« der Stadt Braunschweig von 1445
Stadtarchiv Braunschweig A I 1:747/4.

Bibliografische Information der Deutschen Nationalbibliothek:
Die Deutsche Nationalbibliothek verzeichnet diese Publikation in der Deutschen
Nationalbibliografie; detaillierte bibliografische Daten sind
im Internet über <http://dnb.d-nb.de> abrufbar.

Dieses Werk einschließlich aller seiner Teile ist urheberrechtlich geschützt.
Jede Verwertung außerhalb der engen Grenzen des Urheberrechtsgesetzes
ist unzulässig und strafbar.
2., überarbeitete Auflage
Die 1. Auflage erschien 2008 im Verlag Hahnsche Buchhandlung in Hannover
unter dem Titel »Urkundenlehre – Basiswissen«.
© Franz Steiner Verlag, Stuttgart 2017
Druck: Offsetdruck Bokor, Bad Tölz
Gedruckt auf säurefreiem, alterungsbeständigem Papier.
Printed in Germany.
ISBN 978-3-515-11706-7 (Print)
ISBN 978-3-515-11710-4 (E-Book)

Inhaltsverzeichnis

Vorwort   9

1. Was ist eine Urkunde? Welche Arten von Urkunden gibt es? – Grundlegende Definitionen   11
1.1 Der Urkundenbegriff   11
1.2 Die Urkundenarten   13
1.3 Der Gegenstandsbereich der Diplomatik   15

2. Die Geschichte der Diplomatik als Wissenschaft – Vom *discrimen veri ac falsi* zur modernen Semiotik   17
2.1 Mabillon und Papebroch   17
2.2 Gatterer und Gruber   19
2.3 Sickel und Bresslau   21
2.4 Diplomatiker und Urkundenforscher   22

3. Die Entwicklung des Urkundenwesens von der Spätantike bis ins frühe Mittelalter   24

4. Die Entstehung der Urkunden – Vom Wunsch nach Beurkundung bis zur Aushändigung an den Empfänger   43
4.1 Die Kanzlei als Ort der Beurkundung und als Problem der Forschung   44
4.2 Der Beurkundungsvorgang am Kaiser- bzw. Königshof   46

4.3 Der Beurkundungsvorgang an der päpstlichen Kurie 49
4.4 Der Beurkundungsvorgang in städtischen Kanzleien 52

5. Äußere Merkmale der Urkunden – Beschreibstoffe, Layout, Schrift, graphische Zeichen und Beglaubigungsmittel 54
5.1 Beschreibstoffe 54
5.2 Layout 56
5.3 Schrift 57
5.4 Graphische Zeichen 60
5.5 Beglaubigungsmittel 63

6. Innere Merkmale der Urkunden 77
6.1 Innere Merkmale von Königsurkunden 78
6.2 Beispiel einer Königsurkunde: Otto II. für das Bistum Straßburg von 976 81
6.3 Innere Merkmale von Papsturkunden 84
6.4 Beispiel einer Papsturkunde: Papst Innozenz II. für das Kloster Walkenried 1138 85
6.5 Innere Merkmale von Privaturkunden 88
6.6 Der Sonderfall der Notariatsinstrumente 90

7. Die Urkundensprache – Vom Latein zu den Volkssprachen 92
7.1 Das sprachliche Erbe der Antike 92
7.2 Die Dominanz des Latein im frühen und hohen Mittelalter 94
7.3 Sprachliche Eigenheiten der Urkundensprache 95
7.4 Das Aufkommen der Volkssprachen als Urkundensprachen 96
7.5 Der Sonderfall England 99

8. Die Überlieferung der Urkunden – Original und Abschriften 101

8.1	Originale und Konzepte, Formeln und Formelsammlungen	101
8.2	Systematik der Abschriften	104
8.3	Transsumpt und Vidimus	105
8.4	Register und Kopialbuch	106
9.	Urkundenfälschungen	110
9.1	Typologie der Urkundenfälschungen	111
9.2	Art, Umfang und Motive der Urkundenfälschungen – Mentalitäten und Bestrafung der Fälscher	112
10.	Drei Fallstudien – Die Konstantinische Schenkung, das Privilegium Maius und die Urkundenfälschungen des Georg Friedrich Schott	128
10.1	Die Konstantinische Schenkung	128
10.2	Das Privilegium Maius	131
10.3	Die Urkundenfälschungen des Georg Friedrich Schott	134
11.	Neuzeitliches Urkundenwesen	136
12.	Diplomatik – eine historische Kulturwissenschaft?	140
12.1	Urkunden und die Zeitkultur	141
12.2	Urkunden und die Kultur der Schriftlichkeit bzw. Mündlichkeit	142
12.3	Urkunden und die performativen Akte der Erinnerungskultur	143
12.4	Urkunden und die Bildwissenschaft	145
	Abbildungsnachweise	148
	Literatur, Quellen, Internetadressen	148
	Sach- und Personenindex	160

Vorwort

Der allgemeine Bedeutungsverlust der Historischen Hilfswissenschaften wird seit mehr als einem halben Jahrhundert allenthalben beklagt. Die Klagen betreffen mit Disziplinen wie der Heraldik und der Siegelkunde einerseits solche Wissenschaften, die seit langen Jahrzehnten ohnehin eher von außeruniversitären Spezialisten betrieben worden sind. Sie gelten aber auch denjenigen Disziplinen, in denen deutschsprachige Hochschullehrer seit den Zeiten Johann Christoph Gatterers († 1799) Maßstäbe gesetzt und die internationale Wissenschaftsentwicklung geprägt haben, wie das für die Diplomatik gilt. Freilich ist das Fehlen einer modernen Gesamtdarstellung der Diplomatik ein unstreitiges Versäumnis deutschsprachiger Urkundenforscher. Dem geradezu legendär gewordenen »Bresslau«, dem bis 1931 aus dem Nachlass seines Verfassers Harry Bresslau veröffentlichten »Handbuch der Urkundenlehre«, ist bis heute in deutscher Sprache kein modernes Handbuch mehr gefolgt.

Von einem einzelnen Autor kann zu Zeiten zunehmender wissenschaftlicher Arbeitsteiligkeit ein solches umfassendes Handbuch nicht vorgelegt werden. Allerdings soll das hier vorgelegte Buch als knappe Einführung in die Diplomatik dem Interessierten die Wege zum Gegenstandsbereich, zu den Fragestellungen, Methoden und Ergebnissen moderner Diplomatik weisen. Deutscher Tradition entsprechend, wird die urkundliche Überlieferung im Fränkisch-Ostfränkisch-Deutschen Reich des Mittelalters im Mittelpunkt stehen, ergänzt um die Diplomatik der Papsturkunden.

Eine erste Auflage dieses Bandes erschien im Jahre 2008 an anderer Stelle. Sie ist durchgreifend überarbeitet worden. Neben der Richtigstellung kleinerer Versehen und Irrtümer ist die Bibliographie auf den neuesten Stand gebracht und um Hinweise auf einschlägige Informationen im Internet erweitert worden. Fragestellungen der Diplomatik als Kulturwissenschaft waren in der ersten Auflage bereits behandelt worden; ihnen wird nun ausführlicher nachgegangen. Für Hinweise aufmerksamer Leserinnen und Leser sei an dieser Stelle herzlich gedankt. Wenn Irrtümer und Fehler geblieben sein sollten, sind sie allein dem Verfasser anzulasten.

Osnabrück, im Dezember 2016

Thomas Vogtherr

I.

Was ist eine Urkunde?
Welche Arten von Urkunden gibt es?

Grundlegende Definitionen

1.1 | Der Urkundenbegriff

»Die Urkunde ist ein unter Beobachtung bestimmter Formen ausgefertigtes und beglaubigtes Schriftstück über Vorgänge von rechtserheblicher Natur.«

Diese Generaldefinition AHASVER VON BRANDTS (1909–1977) nennt die bestimmenden Elemente dessen, was eine Urkunde ausmacht. Sie weist auf verschiedene zentrale Aspekte der Urkunde als Quelle hin. Gleichzeitig hilft sie, sich zu vergewissern, welche Überlegungen beim Umgang mit Urkunden als Quellen der historischen Erkenntnis notwendigerweise anzustellen sind.

Ein »*unter Beobachtung bestimmter Formen ausgefertigtes* […] *Schriftstück*«: Die Herstellung einer rechtsgültigen Urkunde – ihre **Ausfertigung** – vollzog sich in bestimmten Formen. Nach dem Abschluß der Ausfertigung weist eine Urkunde bestimmte **äußere und innere Merkmale** auf. Als äußere Merkmale gelten der verwendete Beschreibstoff, die Einrichtung des Schriftraumes mit Rand- und Linienvorzeichnungen, die Schrift einschließlich der Abkürzungen sowie sonstige graphische Zeichen. Als innere Merkmale bezeichnet man alle Aspekte des Wortlautes, also zunächst die Sprache, dann vor allem aber die oft über lange Zeit feststehenden Formeln, und natürlich den Rechtsinhalt der Urkunde. Die Beachtung dieser äußeren und inneren Merkmale, die zur Zeit der Ausstellung der Urkunde von ihrem Aussteller üblicherweise verwendet worden sind, ist ein wichtiges Kriterium für die Echtheit einer Urkunde. Ein Verstoß gegen übliche äußere und innere Merkmale kann einen Fälschungsverdacht begründen. Dagegen bedeutet die Einhaltung der üblichen äußeren und inneren Merkmale, dass die Urkunde den zeittypischen Gebräuchen der ausfertigenden Kanzlei entspricht.

Ein *»unter Beobachtung bestimmter Formen [...] beglaubigtes Schriftstück«:* Die **Beglaubigung** mittelalterlicher Urkunden vollzog sich auf unterschiedliche Art und veränderte sich im Laufe der Zeit oder von Region zu Region. In der Regel wurden Kaiser- und Königsurkunden spätestens seit karolingischer Zeit durch ein Siegel beglaubigt, das auf das Pergament aufgedrückt oder – seit dem 12. Jahrhundert – daran angehängt wurde. Neben dem Siegel wurde als Beglaubigungsmittel zeitweise auch die persönliche Unterschrift des Ausstellers verwendet. Unterschriften wurden vorwiegend in merowingischer Zeit unter Königsurkunden gesetzt und traten – von Einzelfällen abgesehen – dann erst wieder im Laufe des späten Mittelalters (14./15. Jahrhundert) als anerkannte Beglaubigungsmittel auf. Gänzlich unbeglaubigte – also weder gesiegelte noch unterschriebene – Urkunden sind vor allem in Gestalt der sog. Traditionsnotizen (→ Kapitel 3) überliefert. Ein bekanntes Beispiel stellen auch die früh- und hochmittelalterlichen angelsächsischen Königsurkunden dar.

Ergänzende oder alternative Beglaubigungsmittel blieben im Mittelalter eher selten. Lediglich die Beglaubigung einer Urkunde durch einen öffentlichen Notar beginnt seit dem ausgehenden Hochmittelalter Bedeutung zu bekommen. Er schrieb die Urkunde eigenhändig, setzte einen ebenso eigenhändigen Notarsvermerk darunter und neben diesen Vermerk ein persönliches graphisches Zeichen, das nur er selber als Beglaubigungsmittel verwendete, das sog. Signet. Diese Form der Beglaubigung verbreitete sich von Italien aus über Südfrankreich in den Norden Frankreichs, nach Deutschland und in weite Teile Europas.

Ein *»Schriftstück [...] über Vorgänge von rechtserheblicher Natur«:* Urkunden sind **Rechtsdokumente**. Es handelt sich also nicht primär um Aufzeichnungen, die im Interesse künftiger Nutzung durch Historiker vorgenommen worden sind. Als Rechtsdokumente enthalten sie alle Informationen, die für das jeweilige Rechtsgeschäft von Interesse sind, werden normalerweise aber keine darüber hinausgehenden Informationen enthalten. Wie moderne Rechtsdokumente bedienen sich auch mittelalterliche Urkunden einer Fachsprache. Sie wollen ein Rechtsgeschäft in rechtlich eindeutige und unmissverständliche Formulierungen fassen und dieses Geschäft einer rechtlichen Überprüfung standhalten lassen. Das hat einerseits zur Folge, dass moderne Historiker in Urkunden möglicherweise nicht alle Fragen beantwortet finden, die sie als Historiker an das Rechtsgeschäft haben. Andererseits aber können Historiker den Urkunden eine Fülle rechtlicher Details entnehmen, bis hin zu Einblicken in das symbolische, nicht-schriftliche Rechtsleben.

1.2 | Die Urkundenarten

In der Diplomatik unterscheidet man nach den Ausstellern der Stücke zwischen folgenden **Urkundenarten**:
1) Kaiser- und Königsurkunden,
2) Papsturkunden und
3) **Privaturkunden**.

Diese Unterscheidung fasst – wenig glücklich und sachlich nicht angebracht – alle Aussteller, die nicht Kaiser/Könige oder Päpste gewesen sind, in einer Gruppe zusammen. Unterschiedslos werden dabei so verschiedene Urkundenaussteller wie Herzöge und Grafen, Niederadlige, Erzbischöfe und Bischöfe, Klöster, Stifte und ihre Dignitäre, Städte und ihre Bürger, Universitäten, öffentliche Notare (zu den Notariatsinstrumenten → Kapitel 6) und viele andere mehr in eine gemeinsame Gruppe eingeordnet. Die erheblichen formalen und inhaltlichen Unterschiede der Privaturkunden untereinander werden durch diesen untauglichen Globalbegriff eingeebnet. Er hat sich trotzdem in der Forschung behauptet, denn es ist bisher nicht gelungen, ihn durch einen anderen Begriff zu ersetzen oder durch prägnante Zusätze zu verdeutlichen.

Innerhalb der Kaiser- und Königsurkunden sind zu unterscheiden:
a) Diplome im engeren Sinne und
b) Mandate.

Diplome beinhalten Rechtsverleihungen oder Rechtssetzungen von grundsätzlich dauerhafter Gültigkeit. **Mandate** enthalten zeitlich begrenzt gültige Anweisungen und besitzen häufig einen mehr verwaltungstechnischen Charakter. Mandate sind formal wesentlich einfacher gestaltet als Diplome. Sie hatten wegen ihrer eingeschränkten Gültigkeit eine ungleich schlechtere Überlieferungschance als Diplome, die wegen ihres rechtlichen Wertes im Allgemeinen dauerhaft aufbewahrt worden sind.
In den Grenzbereich herrscherlichen Urkundenwesens führen die **Placita**. Dabei handelt es sich um formal als dispositive Königsurkunde gestaltete Aufzeichnungen von Prozessen des fränkischen Hausmeier- und Königsgerichts aus karolingischer Zeit, zumeist einschließlich der Prozessergebnisse. Aus dem Regnum Italiae sind Placita bis in das 11. Jahrhundert überliefert.

Bei den Papsturkunden unterscheidet man
a) Privilegien und
b) Litterae (»Briefe«).

Dabei entsprechen die (päpstlichen) **Privilegien** den (kaiserlichen/königlichen) Diplomen, die (päpstlichen) **Litterae** im Kern den (kaiserlichen/königlichen) Mandaten. Für beide Urkundenarten bildet sich schon im Laufe des frühen und hohen Mittelalters ein feststehender Formenapparat heraus, der streng eingehalten wird.
Im Laufe des 12. Jahrhunderts verändert sich der Rechtsinhalt päpstlicher Beurkundungen: Privilegien werden seltener. Ihre Inhalte werden zunehmend Gegenstand der Litterae, die nun in sich differenziert werden: **Litterae cum serico** (= mit Bleisiegel am Seidenfaden) enthalten Gnadensachen, **Litterae cum filo canapis** (= mit Bleisiegel am Hanffaden) geben Befehle oder teilen Rechtsentscheidungen mit. Als Zwischentyp zwischen Privilegien und Litterae entsteht um 1200 die **Bulle** als Urkundenart. Als formale Vereinfachung der Literae werden schließlich seit dem ausgehenden 14. Jahrhundert **Breven** (= kurze Schreiben) verwendet, die zunächst nur für diplomatische und Verwaltungskorrespondenz und für die persönliche Korrespondenz des Paps-

tes, bald aber auch anstelle von Litterae benutzt werden. Den Breven sehr ähnlich ist das **Motuproprio**, das vom Papst eigenhändig unterzeichnet wird.

Eine Typologie der Privaturkunden existiert wegen der großen Heterogenität möglicher Inhalte und Formen nicht. Als Faustregel kann man festhalten, dass sich Privaturkunden fürstlicher Aussteller im Wesentlichen an Vorbildern aus den Kanzleien der Kaiser und Könige, gelegentlich auch der Päpste orientieren. Privaturkunden sozial und rechtlich niedriger stehender Aussteller weichen von diesen Vorbildern mitunter ab und sind, vor allem formal, oftmals auf das Nötigste reduziert.

Der wichtigste Unterschied zwischen Kaiser-, Königs- und Papsturkunden einerseits sowie Privaturkunden andererseits liegt in ihrer Rechtsqualität. Privaturkunden nichtfürstlicher Aussteller konnten nach den mittelalterlichen Rechtsanschauungen im Wesentlichen nur in eigener Sache Geltung beanspruchen. Privaturkunden fürstlicher Aussteller wurden dagegen auch in Angelegenheiten Dritter anerkannt und genossen weithin öffentlichen Glauben. Dieser Unterschied in der rechtlichen Bewertung und Gültigkeit, vor allem im Streitfall, bildet eine deutlich sichtbare Scheidelinie zweier Großgruppen innerhalb der mittelalterlichen Privaturkunden.

Den rechtlichen Unterschied zwischen den verschiedenen Urkundenarten besonders zu betonen, lag schon im Interesse der mittelalterlichen Rechtspraktiker, vor allem des kanonischen Rechts. Für sie war es unabdingbar, Sicherheit über Gültigkeit und Verwendungsmöglichkeiten von Urkunden in rechtlichen Auseinandersetzungen zu erlangen. Heute liegt die Beibehaltung dieses Unterschieds im Interesse einer modernen Urkundenforschung, die den Charakter der Urkunden als juristische Quellen betont und die daraus Folgerungen für die historische Interpretierbarkeit von Urkunden ableitet.

1.3 | Der Gegenstandsbereich der Diplomatik

Die Diplomatik hat ihren wesentlichen Gegenstandsbereich in der Untersuchung mittelalterlicher Urkunden. Sie behandelt nur am Rande, und soweit es für das Verständnis der mittelalterlichen Verhältnisse notwendig ist, die spätantiken Verhältnisse. Das bedeutet konkret, dass man den Gegenstandsbereich der Diplomatik mit der Überlieferung mittelalterlicher Urkunden – sowohl der Päpste als auch mancher Könige – im Laufe des 6. Jahrhunderts beginnen lässt.

Urkunden sind für die Regelung von Rechtsverhältnissen bis zur allgemeinen Verbreitung des modernen Aktenwesens von zentraler Bedeutung gewesen. Das bedeutet, dass seit der Ausdifferenzierung des modernen Anstaltsstaates im Laufe des 19. Jahrhunderts Urkunden erheblich an Bedeutung verloren haben und nur noch relativ selten ausgefertigt werden. Der Beginn des Niedergangs der Urkunden in der allgemeinen öffentlich-staatlichen Schriftlichkeit wird gemeinhin in das 16. Jahrhundert gesetzt. Vor diesem Hintergrund endet der Gegenstandsbereich der Diplomatik zwar nicht abrupt, aber dennoch wahrnehmbar um die Wende vom Mittelalter zur Neuzeit.

Diplomatik ist somit eine Hilfswissenschaft vornehmlich der mittelalterlichen Geschichte. Das Fortleben von Urkunden bis in die Gegenwart hinein ist in der Forschung bisher nur am Rande zur Kenntnis genommen und kaum systematisch untersucht worden. So wird sich auch die folgende Darstellung im Wesentlichen mit den Verhältnissen des Mittelalters beschäftigen. Allerdings wird in → Kapitel 11 der Versuch unternommen, das neuzeitliche Urkundenwesen wenigstens in Umrissen darzustellen.

2.

Die Geschichte der Diplomatik als Wissenschaft

Vom *discrimen veri ac falsi* zur modernen Semiotik

2.1 | Mabillon und Papebroch

Am Anfang stand der Streit um die Echtheit von Urkunden. Das *discrimen veri ac falsi*, die »Unterscheidung des Echten und des Falschen«, stand in der zweiten Hälfte des 17. Jahrhunderts ursprünglich im Dienst einer Auseinandersetzung zwischen zwei Orden der katholischen Kirche, deren führende Vertreter um den Vorrang ihrer eigenen Korporation vor der anderen stritten. Zwar hatte es schon im Mittelalter und in der Renaissance Auseinandersetzungen um die Echtheit von Urkunden gegeben (→ Kapitel 10), aber erst um 1680 wurde aus diesem Streit die Geburtsstunde der Diplomatik als Wissenschaft.

Als ihr Gründervater gilt der gelehrte Benediktiner DOM JEAN MABILLON (1632–1707) aus der französischen Kongregation der Mauriner. Als Historiker seines Ordens beschäftigte sich Mabillon zunächst mit der Zusammenstellung der Lebensgeschichten und der Nachrichten über die Verehrung derjenigen Heiligen, die aus dem Benediktinertum hervorgegangen waren. Die daraus entstandenen *Acta Sanctorum Ordinis Sancti Benedicti* (9 Bde., 1668–1701) hatten ihn mit einer großen Zahl von Urkunden konfrontiert, über deren Echtheit es schon innerhalb des Kreises seiner Ordensbrüder divergierende Auffassungen gab. Mabillon machte sich deswegen daran, die Echtheit solcher Urkunden systematisch zu untersuchen, stellte aber recht bald fest, dass es dafür an Vorarbeiten weitgehend fehlte, dass also Grundlagenarbeit zu leisten war.

Das Ergebnis seiner Bemühungen waren *De re diplomatica libri VI,* »Sechs Bücher über die Diplomatik« (1681). Gemeinsam mit einem Supplementband (1704) war dieser dickleibige Foliant gleichzeitig der Grundstein wie auch das erste Handbuch der neuen Wissenschaft von der »Diplomatik«, der Mabillon gewissermaßen nebenbei noch den Namen gegeben hatte. Systematisch gegliedert und mit umfangreichen Belegen versehen, definierte er darin den Gegenstand der Urkundenlehre und formulierte die Methoden, die bei der Urkundenkritik anzuwenden seien. Weit über den Rahmen des Kerns der Urkundenlehre hinausgehend, beschäftigte er sich überdies mit Fragen der Paläographie, der Siegelkunde und anderer Hilfswissenschaften. Er zeigte auch nachdrücklich, dass seine Art der Untersuchung Folgen für die Geschichtswissenschaft im allgemeinen haben würde, ließ es also nicht bei hilfswissenschaftlichen Feststellungen bewenden, sondern wies immer auch auf ihre Anwendung für allgemeinhistorische Fragestellungen hin.

Annähernd gleichzeitig mit Mabillon lebte und wirkte der Antwerpener Jesuit DANIEL PAPEBROCH (1628–1714). In unmittelbarer Konkurrenz zu Mabillon stehend und durch die Zugehörigkeit zu einem anderen Orden auch zur wissenschaftlichen Gegnerschaft herausgefordert, war Papebroch dem benediktinischen Konkurrenten in einer Hinsicht voraus, hatte doch Mabillon mit den Annalen seiner Ordensheiligen ein Publikationsunternehmen erst nachgeahmt, das die Jesuiten wesentlich umfassender als *Acta Sanctorum* schon seit dem ausgehenden 16. Jahrhundert betrieben. Papebroch hatte als einer der wissenschaftlichen Leiter der *Acta Sanctorum* mithin einen erheblichen Vorsprung in der Durcharbeitung des Quellenmaterials zur Geschichte der Heiligen der katholischen Kirche, konnte auch auf das wesentlich besser ausgebaute Korrespondentensystem seines Ordens zurückgreifen, wenn es um die Beschaffung von Material ankam, war aber bei der Erforschung der Urkunden ebenso wie Mabillon auf Neuland unterwegs. Als Papebroch 1675 einem von ihm herausgegebenen Band der *Acta Sanctorum* ein knappes *Propylaeum antiquarium circa veri ac falsi discrimen in vetustis membranis,* eine »Antiquarische Einleitung über die Unterscheidung des Echten und des Falschen in alten Urkunden«, voransetzte, da erreichte er zwar Mabillons diplomatischen Kenntnisreichtum nicht annähernd, war ihm aber bei der systematischen Durcharbeitung des Materials keineswegs unterlegen. Dennoch stand Papebroch – und steht er bis heute – in der Geschichte der Diplomatik im Schatten seines benediktinischen Kontrahenten Mabillon.

Es war folgerichtig auch Mabillon und weniger Papebroch, der von den Gelehrten der ersten Hälfte des 18. Jahrhunderts im deutschen Sprachraum rezipiert wurde. Wiederum stand dabei ein Benediktiner mit an der Spitze: der Göttweiger Abt GOTTFRIED BESSEL (1672–1749) mit seinem monumentalen *Chronicon Gotwicense* (1732). Erstmals wurden die Ergebnisse von Mabillons Urkundenlehre hier für die Geschichte eines Benediktinerklosters im deutschen Sprachraum angewandt und zeigten ihre Tragfähigkeit. Gleichzeitig stellte Bessels Arbeit eine deutliche Bestätigung dafür dar, dass die wissenschaftlich-kritische Durchdringung der mittelalterlichen Geschichte nicht nur von Ordenshistorikern begonnen worden war, sondern innerhalb dieser Kreise auch aufgenommen wurde.

Wesentlich wirksamer als die insgesamt nicht sehr breite direkte Rezeption von Mabillons Werk war jedoch die Übersetzung des *Nouveau traité de diplomatique* der beiden Maurinermönche CHARLES FRANÇOIS TOUSTAIN und RENÉ PROSPER TASSIN (6 Bde., 1750–65) durch JOHANN CHRISTOPH ADELUNG und ANT. RUDOLPH unter dem Titel *Neues Lehrgebäude der Diplomatik* (9 Bände, 1759–1769). Toustain und Tassin hatten in einer umfangreichen Abhandlung die systematischen Vorgaben Mabillons inhaltlich weitergeführt. Die Stärken des *Nouveau traité* und seiner deutschen Übersetzung lagen vor allem in der breiten Quellengrundlage, durch die das Werk über lange Jahrzehnte als Referenzhandbuch neben Mabillons Bänden unersetzt blieb und noch bis weit in das 19. Jahrhundert konsultiert werden sollte.

2.2 | Gatterer und Gruber

Seit dem Erscheinen des *Neuen Lehrgebäudes* wurde die Diplomatik zunehmend zum Lehrfach an Universitäten des deutschen Sprachraums. In Deutschland selber wurde hierfür die Göttinger Schule mit JOHANN CHRISTOPH GATTERER (1727–99) zum bestimmenden Zentrum. Der in einer Vielzahl von Disziplinen enzyklopädisch arbeitende Historiker behandelte in seinen Lehrveranstaltungen und in seinen Büchern nahezu alle historischen Hilfswissenschaften. 1756 las er erstmals die Diplomatik und widmete ihr in den folgenden Jahren lateinische wie deutschsprachige Veröffentlichungen in Gestalt umfassender Handbücher. Zu Gatterers unstreitigen und bis heute anerkannten Verdiensten gehört es, in seinen Büchern zur Diplomatik eine handhabbare, an der akademischen Lehre orientierte und darin auch erprobte Art der Darstellung gefunden zu haben. Gatterer ist der erste Verfasser von Studienbüchern zur Diplomatik gewesen. Über Jahrzehnte hinweg wurde im deutschen Sprachraum der von ihm hierin gesetzte Standard nicht übertroffen, bisweilen nicht einmal erreicht.

Über Mabillon hinausweisend, war Gatterer besonders darum bemüht, eine von ihm so genannte »Semiotica«, eine Zeichenkunde der Urkunden zu begründen, deren besondere Betonung ihm unter späteren Diplomatikern lange Zeit als skurrile Eigenheit angelastet wurde, bis man ausgangs des 20. Jahrhunderts erkannte, wie sehr Gatterer hierin seiner Zeit voraus gewesen war. Als abwegig galt und gilt die Systematisierung der Schriftentwicklung nach dem Vorbild des biologischen Artenschemas von Linné, wie sie Gatterer vornahm. Heute sieht man freilich klarer als noch vor Jahren, dass er mit dieser Herangehensweise ein Vorgänger späterer Interdisziplinarität gewesen ist.

Gleichzeitig mit Gatterer in Göttingen wirkte GREGOR MAXIMILIAN GRUBER (1739–99) in Wien, dessen *Lehrsystem einer allgemeinen Diplomatik* (3 Bde., 1783–84) die vielfältige Beschäftigung mit der Diplomatik in den Universitäten Österreichs, aber auch in seinen Klöstern und Stiften weit mehr angeregt haben dürfte als Mabillon oder Gatterer. Überhaupt zeigt sich in jenen Jahren bereits eine faktische Zweiteilung der Diplomatiker: Den relativ wenigen Wissenschaftlern, die an deutschen Universitäten diese Disziplin lehrten, steht eine im 19. Jahrhundert wesentlich größere Anzahl an den Universitäten und Hohen Schulen der Donaumonarchie gegenüber.

Freilich gelang es in beiden Bereichen nicht, die Ansätze und Methoden der Diplomatik wesentlich weiterzuentwickeln. Fortschritte sind bis zum Ende des 19. Jahrhunderts nahezu ausschließlich dadurch zu erklären, dass die Materialbasis für die Untersuchungen wesentlich verbreitert wurde. Urkundenveröffentlichungen jeder Art wurden zunehmend daran gemessen, ob sie den Standards der diplomatischen Forschung genügten, und sie befruchteten ihrerseits diese Forschungen dadurch, dass sie neues urkundliches Material für die diplomatische Analyse bereitstellten. Im 18. Jahrhundert erscheinen Urkundenabbildungen in zentraler Funktion innerhalb von Abhandlungen zur Diplomatik und machen sie geradezu zu einer Bildwissenschaft im Sinne der modernen Kulturwissenschaften.

2.3 | Sickel und Bresslau

Erst in den sechziger und siebziger Jahren des 19. Jahrhunderts zeigten sich Fortschritte der Diplomatik auf breiter Front. Die Editionen mittelalterlicher Kaiser- und Königsurkunden durch die Gesellschaft für ältere deutsche Geschicht(s)kunde (»Monumenta Germaniae historica«), die seit 1873 unter der Leitung des in Wien lehrenden Diplomatikers THEODOR (VON) SICKEL (1826–1908) standen, wurden durch zahllose diplomatische Einzelstudien vorbereitet und begleitet, in denen moderne Herangehensweisen dieser Wissenschaft am Beispiel entwickelt wurden, ohne indes sofort zur wissenschaftlichen Synthese reifen zu können. Sickels Arbeiten wurden grundlegend, weil er – auf dem Urkundenmaterial der Karolinger- und der Ottonenzeit aufbauend – strikt von der Entstehung einer Urkunde in der Kanzlei ausging, minutiös die Arbeitsweise der Kanzlisten rekonstruierte, die Hände einzelner Schreiber zu bestimmen und das Diktat, den Wortlaut der Urkunden, einzelnen Kanzlisten zuzuschreiben versuchte. Untersuchungen über mittelalterliche Kanzleien (→ Kapitel 4), über die inneren und äußeren Merkmale der Urkunden (→ Kapitel 5 und 6), über die Überlieferung der einzelnen Stücke (→ Kapitel 8) und schließlich immer wieder über den Nachweis von Urkundenfälschungen (→ Kapitel 9) erfolgten parallel zu Sickel auf breiter Front und – was in der Wissenschaftsgeschichte bisher zu wenig betont worden ist – in arbeitsteiliger Teamarbeit.

Immer wieder aber wurde auch außerhalb solcher editorischer Großunternehmen, wie sie die Veröffentlichung der Kaiser- und Königsurkunden innerhalb der »Monumenta Germaniae historica« darstellt, von Einzelforschern Wesentliches zur Weiterentwicklung der Urkundenlehre geleistet. Im 19. Jahrhundert sind als Beispiele JULIUS (VON) FICKER (1826–1902) zu nennen, dessen *Beiträgen zur Urkundenlehre* (1877) die Diplomatik weiterführende Erkenntnisse zum Entstehungsprozess der Urkunden, besonders auch zu ihren Datierungen verdankt, sowie JULIUS (VON PFLUGK-)HARTTUNG (1848–1918), der sich insbesondere um die Erforschung von Papsturkunden verdient machte und 1902 eine bis heute nicht übertroffene Darstellung über *Die Bullen der Päpste bis zum 12. Jahrhundert* vorlegte.

Für die Diplomatik grundlegend wurde – und blieb trotz aller Fortschritte im Detail bis heute – das *Handbuch der Urkundenlehre für Deutschland und Italien,* dessen erste Auflage der Mitarbeiter der »Monumenta Germaniae historica« und spätere Straßburger Historiker HARRY BRESSLAU (1848–1926) 1889 veröffentlichte. Er konnte auf umfangreichen editorischen Erfahrungen aufbauen, die er bei der Veröffentlichung ottonischer und frühsalischer Kaiser- bzw. Königsurkunden gewonnen hatte. Die beiden Bände dieses Handbuches waren und sind ein Glücksgriff für die Diplomatik als Wissenschaft, bearbeitete Bresslau doch in souveräner Manier nahezu alle denkbaren Aspekte dieser Disziplin auf eine Weise, die in ihrer Grundkonzeption bis heute kaum überholt und lediglich in einer Reihe von Details ergänzt werden konnte. Dabei fußte er seinerseits auf den Erkenntnissen Sickels und den Erfahrungen der Monumentisten des letzten Viertels des 19. Jahrhunderts und stellte die internationale Führungsrolle der deutschen Diplomatiker nachdrücklich unter Beweis.

2.4 | Diplomatiker und Urkundenforscher

Diplomatiker und Urkundenforscher (so ein Aufsatztitel HEINRICH FICHTENAUS) standen und stehen bei der Erforschung des mittelalterlichen Urkundenwesens seither in fruchtbarer Konkurrenz miteinander. Diplomatiker: Das meint die rein hilfswissenschaftlich arbeitenden Wissenschaftler, deren einziges Interesse im skrupulösen Analysieren der Einzelstücke und ihrer Einordnung in die jeweilige Kanzleigeschichte steht. Die so genannte »Wiener Schule« in der Nachfolge Theodor von Sickels steht bis heute weitgehend in dieser Tradition. Urkundenforscher: Das meint – seitdem HANS HIRSCH (1878–1940) diesen Ausdruck prägte – den ständigen Versuch anderer, die Ergebnisse der Diplomatik auch für allgemeinhistorische Fragestellungen nutzbar zu machen, insbesondere solche der Verfassungsgeschichte, und damit die Bedeutung der Diplomatik als Grundlagenforschung besonders zu betonen.

Eine wesentliche Erweiterung der Fragestellungen erfuhr die Diplomatik seit den achtziger Jahren des 20. Jahrhunderts durch die verstärkte Beachtung und Analyse der äußeren Merkmale der Urkunden. *Die Urkunde als Kunstwerk* (PETER RÜCK) zu analysieren, machte sie gleichermaßen zu einem Gegenstand einer Urkundensemiotik wie der Kunstgeschichte. Die inhaltliche Interpretation graphischer Zeichen auf Urkunden, die genaue, bisweilen übertrieben quantifizierend erfolgende Analyse der Formate und Layoutdetails, das zunehmende Interesse an der lange vernachlässigten Paläographie der Urkundenschriften stehen für dieses moderne Untersuchungsfeld (→ Kapitel 6). Damit wurden wesentliche Ansätze der modernen Kulturgeschichte im Bereich der sog. Hilfswissenschaften bereits vorweggenommen.

3.

Die Entwicklung des Urkundenwesens von der Spätantike bis ins frühe Mittelalter

Mittelalterliche Urkunden haben sich aus den Wurzeln des spätantiken römischen Urkundenwesens entwickelt. Ihre rechtlichen Inhalte und ihre Beweiskraft im Streitfall sind deswegen je nach Urkundenart unterschiedlich zu bewerten. Im Laufe des Mittelalters verloren die rechtstheoretischen Überlegungen und rechtspraktischen Bewertungsunterschiede mit der Zunahme der Anzahl der Urkunden an praktischer Bedeutung. Sie sind aber für das frühe und hohe Mittelalter von zentraler Bedeutung für die Bewertung der Urkunden als juristische (und in zweiter Linie auch als historische) Quellen.

Das römische Erbe hat sich in den mittelalterlichen Urkunden auf verschiedene Arten und Weisen bewahrt. Lange Zeit galt, auf der Basis von Forschungen HEINRICH BRUNNERS (1877/80), die einfache Gegenüberstellung zweier verschiedener Urkundenarten als römisches Erbe. Zum einen gibt es Urkunden, in denen bereits abgeschlossene Rechtsgeschäfte nachträglich schriftlich durch den Empfänger oder einen von ihm beauftragten Notar in objektiver Form – gemeint ist: grammatisch in der dritten Person – aufgezeichnet werden (sog. **Notitia**). Daneben stehen andere Urkunden, in denen ein Rechtsgeschäft durch den Aussteller oder einen von ihm beauftragten Notar in subjektiver Form – grammatisch in der ersten Person – aufgezeichnet wird, das im Moment der Urkundenausstellung oder -übergabe oder erst in der Zukunft in Kraft treten soll (sog. **Carta**, dispositive oder konstitutive Urkunde). Beide Urkundenarten können – insbesondere gilt das allerdings für die Notitia – auch die Nennung von Zeugen enthalten, die als zusätzliche Beglaubigung der Rechtsgeschäfte gelten soll.

Diese Gegenüberstellung übersieht, dass zwar die Carta, nicht aber die Notitia römischen Ursprungs ist. Auch deswegen ist diese theoretische Unterscheidung in der früh- und hochmittelalterlichen Urkundenpraxis tatsächlich nicht nachzuweisen. Sie hilft aber, zwei mögliche Verhältnisse des Urkundentextes zum Inhalt des Rechtsgeschäftes voneinander zu unterscheiden und damit die Möglichkeiten der Urkundeninterpretation zu verbessern.

So ist es denkbar, dass Urkunden entweder 1) als Aufzeichnungen über bereits geschehene Vorgänge entstanden. In diesem Fall bilden sie eine Wirklichkeit ab, die nach dem Willen der Beteiligten nicht nur eintreten sollte, sondern eingetreten ist. Das zugrundeliegende Rechtsgeschäft ist also tatsächlich abgeschlossen worden, und mindestens zum Zeitpunkt der Aufzeichnung der Urkunde waren die Bedingungen erfüllt, die in diesem Rechtsgeschäft vereinbart worden waren. Werden Urkunden dagegen 2) als dispositive Urkunden ausgestellt, dann soll die rechtliche Wirkung des Geschäfts erst nach dem Zeitpunkt der Ausstellung der Urkunde eintreten. Das bedeutet, dass durch irgendwelche Entwicklungen, die zwischen der Aufzeichnung der Urkunde und dem Eintreten der Rechtswirkungen denkbar sind, das Rechtsgeschäft in Wirklichkeit womöglich gar nicht zustande gekommen sein könnte. Ein einziges Beispiel kann diese beiden Wirkungsweisen von Notitia und Carta unterscheiden helfen: Eine Notitia über eine Schenkung bezeugt, dass diese Schenkung tatsächlich stattgefunden hat. Eine Carta über eine Schenkung bezeugt lediglich, dass die rechtlich verbindliche Absicht der Schenkung bestanden hat, nicht aber, dass die Schenkung wirklich eingetreten ist, etwa bei einer Schenkung, die erst im Falle des Todes des Schenkers wirksam werden soll.

Im Zuge zunehmender Verbreitung der Schriftlichkeit im Mittelalter verwischen sich die rechtstheoretischen Unterschiede mehr und mehr. Urkunden werden unterschiedslos als Titel für Rechte, Besitz, Einkünfte u. a. m. benutzt. Ihre immer ausgefeilteren Formulierungen nehmen seit dem 12. Jahrhundert auch mehr und mehr Elemente der Rechtssprache des Römischen Rechtes auf, um auf diese Weise mögliche Rechtseinwände schon im Voraus abzufangen. Die Rechtsqualität und tatsächliche Wirkung einer Urkunde entschied sich letztlich erst im Streitfall, wenn der Urkundenbeweis geführt werden mußte.

Aus der Gegenüberstellung von Carta und Notitia als einer vermeintlich lupenrein durchführbaren Trennung zweier verschiedener Urkundenarten voneinander entwickelte sich eine weitere Streitfrage der Forschung, die den Blick auf die Frage lenkt, wodurch die Rechtskraft einer Carta eigentlich bewirkt wurde. Die Streitfrage läßt sich unter den Begriffen der **traditio cartae** bzw. der **traditio per cartam** zusammenfassen. Gestellt wird die Frage, welcher rechtliche Vorgang bei einer Carta dazu führt, dass das in ihr formulierte und von beiden Beteiligten gewollte, freilich noch nicht unbedingt umgesetzte Rechtsgeschäft wirklich rechtsgültig wird. Dies ist eine alles andere als spitzfindige Frage, sondern vielmehr ein zentrales Problem der Gültigkeit von Urkunden jeder Art, die vorrangig als Rechtsdokumente anzusehen sind (→ Kapitel 1).

Nach den Vorstellungen BRUNNERS lag der rechtlich entscheidende Formalakt in der traditio cartae: Durch die Übergabe der Carta vom Aussteller an den Empfänger trat die Rechtswirkung des vereinbarten Geschäftes ein. Dieser Ansicht steht allerdings die Tatsache entgegen, dass es keinerlei rechtliche Vorschriften aus spätantiker Zeit gibt, die allein in der Übergabe der Urkunde einen rechtlich konstitutiven Akt sehen. Vielmehr konnte der Empfänger durch die Urkunde, die ihm übergeben worden war, vor öffentlich autorisierten Stellen lediglich einen Eigentumsnachweis für die Güter, Rechte etc. führen, die Gegenstand der Carta gewesen waren.

Zu unterscheiden sei von der traditio cartae nach den Ansichten BRUNNERS die traditio per cartam. Dadurch sei ausgedrückt, dass die Übergabe der Urkunde gleichzeitig den Begünstigten in das Eigentum der übertragenen Sache einsetze, dass also eine davon getrennte Übertragung der körperlichen Eigentumsrechte mit anderen rechtsbegründenden, aber nichtschriftlichen Handlungen nicht mehr nötig sei.

An diese Vorstellungen knüpfte sich eine anhaltende Forschungskontroverse, im Verlaufe derer herausgearbeitet werden konnte, dass

BRUNNER in erheblichem Umfang hochmittelalterliche Praktiken der Besitzübertragung, insbesondere der Investitur, in spätrömische Zeiten zurückverlegt und gleichzeitig übersystematisiert hatte. STEINACKER und andere konnten zeigen, dass das rechtlich Verbindliche der Carta in der eigenhändigen Unterschrift der Beteiligten liege. Erst verbunden mit rechtssymbolischen Handlungen kann die Carta rechtlich wirksam werden. Diese Verbindung aber sei erst in mittelalterlicher Zeit zu beobachten. Ein sprechendes Beispiel hierfür, gleichzeitig einen mittelalterlich oftmals überlieferten Spezialfall, stellt die **traditio super altare** dar: Eine Urkunde mit eigenhändigen Unterschriften der Beteiligten wird in dem Moment rechtskräftig, in dem sie vor Zeugen auf den Altar als auf einen sakralen Ort niedergelegt wird.

Diese knappen Bemerkungen zur Entwicklung des Urkundenwesens im Übergang von der Spätantike zum frühen Mittelalter zeigen, dass eventuell vorhandene Traditionslinien schwer erkennbar sind und vielfach gebrochen sein mögen. Die Entwicklung von einem bürokratisch entwickelten Gemeinwesen in der Antike mit weit verbreiteter Schriftlichkeit und einer Vielzahl von Institutionen, denen öffentlicher Glauben zugemessen wurde, zu einem wesentlich weniger organisierten und weniger auf der Verwendung allgemeiner Schriftlichkeit aufbauenden Gemeinwesen im frühen Mittelalter hinterließ auch im Urkundenwesen ihre Spuren. Umgekehrt haben aber auch Versuche, hinter den scheinbar zu Rudimenten verkümmerten Rechts- und Urkundspraktiken des frühen Mittelalters wesentlich stärker entwickelte Formen des Urkundenwesens der Spätantike ausfindig zu machen, nicht überzeugen können.

Geblieben sind – neben den bereits genannten Überlegungen zu Carta und Notitia – zwei Beobachtungen, die die Situation des Urkundenwesens im Übergang zum Frühmittelalter schlaglichtartig erhellen: erstens die Bedeutung der spätrömischen Gesta municipalia und ihres Abbrechens am Ende der Spätantike für das Urkundenwesen sowie zweitens die Rolle und Bedeutung öffentlicher Schreiber.

Als **Gesta municipalia** bezeichnet man die städtische Aktenführung in spätantiker Zeit. Seit den Zeiten Konstantins des Großen erhielten private Rechtsaufzeichnungen durch die Eintragung in diese Gesta öffentlichen Glauben und Rechtskraft. Die vorher ausgestellte Urkunde wurde im Beisein der Beteiligten durch Verlesung bekannt gemacht und anschließend im Wortlaut in ein städtisches Register eingetragen. Dieser Eintrag konnte im Streitfall als Besitznachweis gelten und gerichtlich verwendet werden. Gesichert sind solche Gesta im Verlaufe der Spätantike in den römischen Städten, zum Teil aber weit darüber hinaus, so etwa in Ravenna bis ins 7. Jahrhundert. Es dürfte auf der Hand liegen, dass der Fortfall solcher öffentlichen Verzeichnisse zum einen im privatrechtlichen Bereich erhebliche Rechtsunsicherheiten mit sich bringen konnte. Zum anderen musste deswegen nach Ersatzmöglichkeiten für Besitznachweise gesucht werden, eine Tatsache, die die Entwicklung des frühmittelalterlichen Privaturkundenwesens bis in das 10. Jahrhundert hinein kennzeichnet.

Öffentliche Schreiber spielen für die Fixierung von Rechtsgeschäften dann eine erhebliche Rolle, wenn sie im Auftrage von Institutionen öffentlichen Glaubens handeln, also nicht parteigebunden sind, oder wenn sie im Auftrage von Beteiligten Rechtsgeschäfte so niederlegen, dass sich aus der Form dieser Fixierung öffentlicher Glauben ableiten läßt. Beide Arten öffentlicher Schreiber hat es in der Spätantike gegeben. Allerdings verschwinden die städtischen Schreiber im Verlaufe des frühen Mittelalters völlig; es bleiben die privaten Schreiber, die öffentlichen Glauben genießen (**tabelliones**). Sie übertragen Elemente spätrömischer Rechtspraxis, insbesondere aber auch die Kenntnis des Römischen Rechts, in das Mittelalter. Das drückt sich in Formelsammlungen aus, die im Gebiet des späten Römischen Reiches verbreitet waren (→ Kapitel 8), in der Benutzung des Lateinischen als praktisch einziger Urkundensprache (→ Kapitel 7) sowie in der Kenntnis des Ablaufes gerichtlicher Verfahren. Bis zur endgültigen Verdrängung dieser tabelliones durch zumeist kirchliche Schreiber im Verlaufe des 8. Jahrhunderts legten sie wesentliche Grundlagen der frühmittelalterlichen Urkundenpraxis.

Das frühmittelalterliche Urkundenwesen kennt durch die Vermittlung der Spätantike folglich das Lateinische als Urkundensprache, das Römische Recht als eine der wesentlichen Möglichkeiten rechtlicher Bewältigung vor allem privater Rechtsgeschäfte sowie die Tatsache, dass die Regelung von Rechtsgeschäften in festgelegten Formen erfolgen muss, für deren Einhaltung die Kompetenz von Fachkräften unabdingbar nötig ist.

In nomine patris et filii spiritus sancti. Karolus serenissimus augustus a deo coronatus magnus pacificus imperator romanum gubernans imperium...

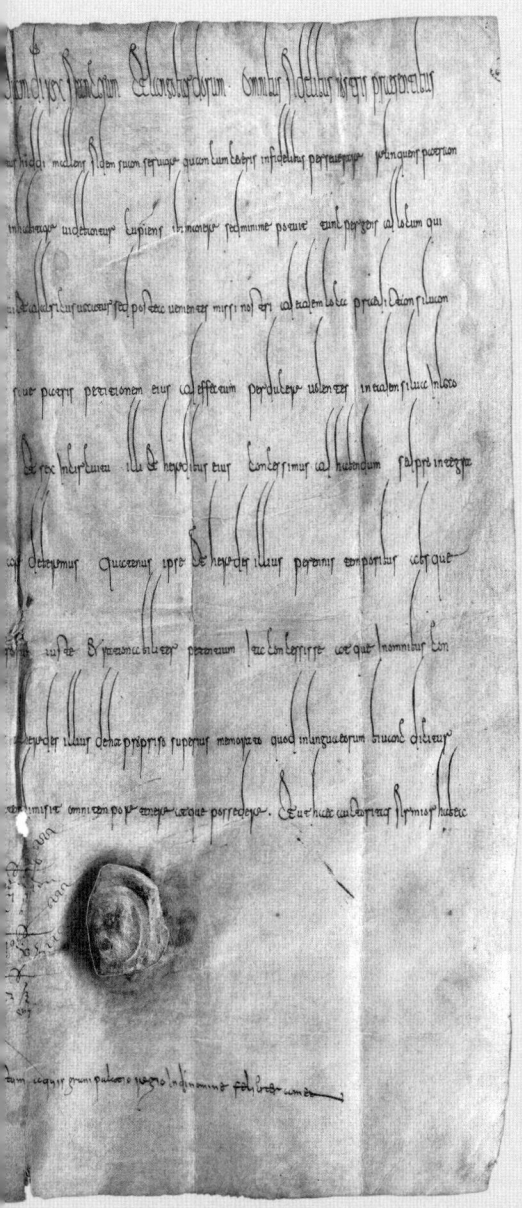

Abbildung 1
Diplom Kaiser Karls des Großen von 813

Abbildung 1
Diplom Kaiser Karls des Großen von 813

Die Abbildung zeigt das letzte, zu Lebzeiten Karls des Großen ausgefertigte Diplom von 813 Mai 9, ausgestellt in Aachen, für den (in Westfalen ansässigen und begüterten) Getreuen Asig (Monumenta Germaniae Historica. DD Karol. I 218). Inhalt der Urkunde ist die Besitzbestätigung eines Teils eines Waldes namens »Buchonia« zwischen Werra und Fulda für diesen Getreuen, aus dessen Erbe das Gut später an das Kloster Corvey an der Weser gelangte. Das Diplom ist zeittypisch im Querformat gehalten, also breiter als hoch. Das Pergamentblatt ist unregelmäßig beschnitten: Am linken Rand läuft es oben schräg nach innen, am unteren Rand ist es ebenfalls nicht gerade. Es weist, wie die späteren früh- und hochmittelalterlichen Urkunden, vier Zonen unterschiedlicher graphischer Gestaltung auf:

Zeile 1
Chrismon und verlängerte Schrift (Elongata). – Das Chrismon als symbolische Invocatio in Form eines durch Verzierungen ausgefüllten C, eröffnet die Urkunde, danach folgen in verlängerter Schrift die verbale Invocatio (*In nomine patris et filii et spiritus sancti*), sowie die komplizierte, den Status des neu erworbenen Kaisertums umschreibende Intitulatio Karls (*Karolus serenissimus augustus a deo coronatus magnus pacificus imperator Romanorum gubernans imperium, qui et per misericordiam dei rex Francorum et Langobardorum*) sowie der Beginn der Promulgatio/Publicatio (*Omnibus fidelibus nostris praesentibus*).

Zeilen 2–11:
Karolingische Minuskel. – Der Rest des Protokolls der Urkunde sowie der gesamte Kontext sind in einer Minuskelschrift gehalten, die bei näherem Hinsehen durchaus an die heutige Kleinbuchstabenschrift erinnert. Die wesentlichen Kennzeichen dieser karolingischen Minuskel sind deutlich zu erkennen: Das Schriftband in der Mitte ist eher klein, die Oberlängen sind im Vergleich dazu auffallend groß; bei den Unterlängen gilt das fast nur für das p, während die übrigen Unterlängen kaum auffallen. Die Oberlängen bestehen aus sehr langen, im oberen Ende nach rechts weisenden einfachen Strichen; noch fehlt die spätere Schlingenbildung.

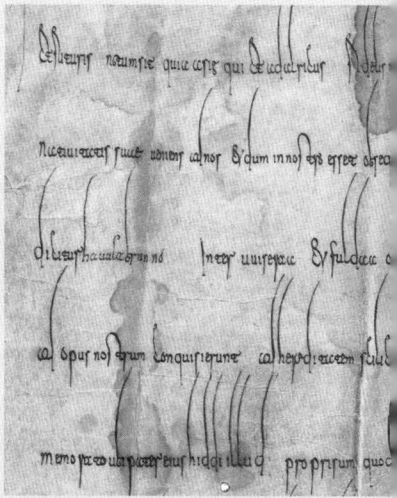

Zeile 12
Verlängerte Schrift (Elongata). – Von einem erneuten Chrismon eingeleitet, besteht diese kurze, etwa in der Mitte des Pergaments zentrierte Zeile im Wesentlichen auf der Rekognition *(Uuitherius diaconus advicem Hieremiae recognovi et)* sowie dem anschließenden Rekognitionszeichen.

Das normalerweise auf dieser Höhe zu erwartende, berühmt gewordene Monogramm Karls des Großen fehlt auf dieser Urkunde (vgl. Abb. rechts: Monogramm Karls von einer Urkunde des Jahres 794) ebenso wie eine Signumzeile.

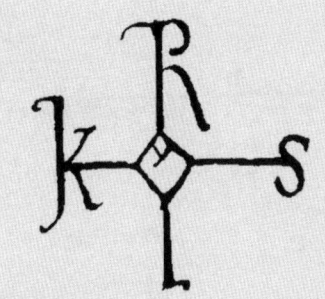

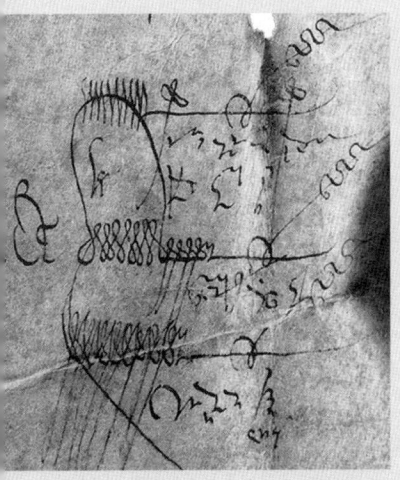

Das Rekognitionszeichen
könnte man in seiner Grundform als Torbogen ansehen, der etwa auf der Mitte durch eine waagerechte Zeile unterteilt wird. In diesem Fall – bei Karl dem Großen nicht selten – steht dieser Torbogen allerdings nicht auf einer Basis auf, sondern wird nach unten durch eine Spitze mit einem entschlossen nach rechts unten weggeführten Schrägstrich beschlossen.
Wichtig sind die Zeichen unmittelbar rechts dieses Torbogens sowie in seinem „Obergeschoss". Hierbei handelt es sich um Tironische Noten, die Informationen über die an der Urkundenausstellung beteiligten Personen sowie über die Datierung der Urkunde enthalten.

Rechts des Rekognitionszeichens
ist ein – nur noch als Fragment erhaltenes – Exemplar des Kaisersiegels Karls des Großen aufgedrückt. Es besteht aus dem Abdruck einer antiken Gemme mit dem Abbild eines römischen Kaisers, durch dessen Verwendung sich der erste Kaiser des westlichen Mittelalters bewusst in die Tradition seiner Vorgänger stellen wollte.

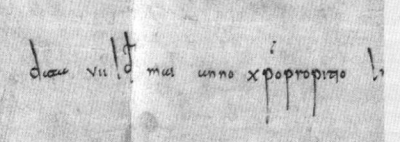

Zeile 13:
Karolingische Minuskel. – In auffallend kleiner Schrift, deutlich kleiner auch als die ansonsten ganz gleichartige Kontextschrift, folgen Datum und Actum der Urkunde sowie die abschließende Apprecatio.

Abbildung 2 (siehe nächste Seite)
Diplom König Heinrichs III. von 1042

Die Abbildung zeigt ein Diplom König Heinrichs III. (1039–1056, Kaiser 1046) von 1042 März 1, ausgestellt in Erstein, für das Bistum Würzburg (Monumenta Germaniae Historica. DD H. III. 89). Inhalt der Urkunde ist die Schenkung von Gütern im Kochergau und im Jagstgau an das Bistum, über die der König aufgrund eines Gerichtsurteils verfügte. Das Diplom ist zeittypisch im Querformat gehalten, also breiter als hoch, und weist vier Zonen unterschiedlicher graphischer Gestaltung auf:

Zeile 1
Chrismon und verlängerte Schrift (Elongata).
– Das Chrismon als symbolische Invocatio in Form eines durch Verzierungen ausgefüllten C, eröffnet die Urkunde, danach folgen in verlängerter Schrift die verbale Invocatio, geschrieben in vier »Wörtern« (*Innomine sanctae etindividuae trinitatis*), sowie die Intitulatio des Königs (*Heinricus divina favente clementia rex*) und nach einem etwas vergrößerten Abstand der Beginn der Promulgatio/Publicatio (*Omnibus sanctae dei aecclesiae nostrique fidelibus*).

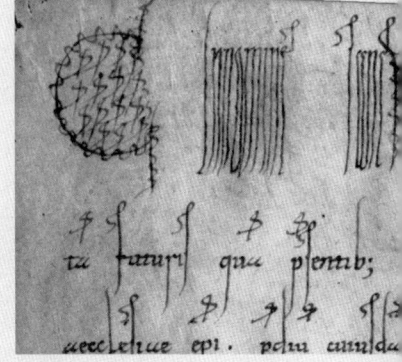

Zeilen 2–8
Diplomatische Minuskel. – Rest des Protokolls der Urkunde sowie der gesamte Kontext. Deutlich sind hier die Kennzeichen der diplomatischen Minuskel zu erkennen: Das Schriftband in der Mitte ist sehr klein, die Ober- und Unterlängen sind im Vergleich dazu sehr groß gehalten. Die Oberlängen sind durch Schlingenbildung verziert; auf der Höhe dieser Schlingen sind auch die Kürzungszeichen einzelner Wörter

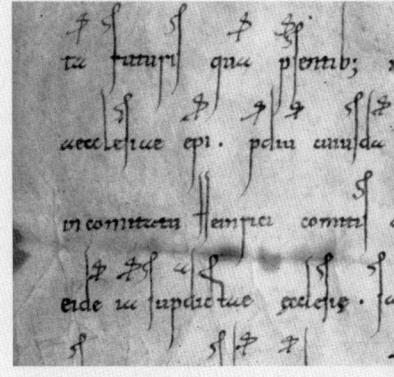

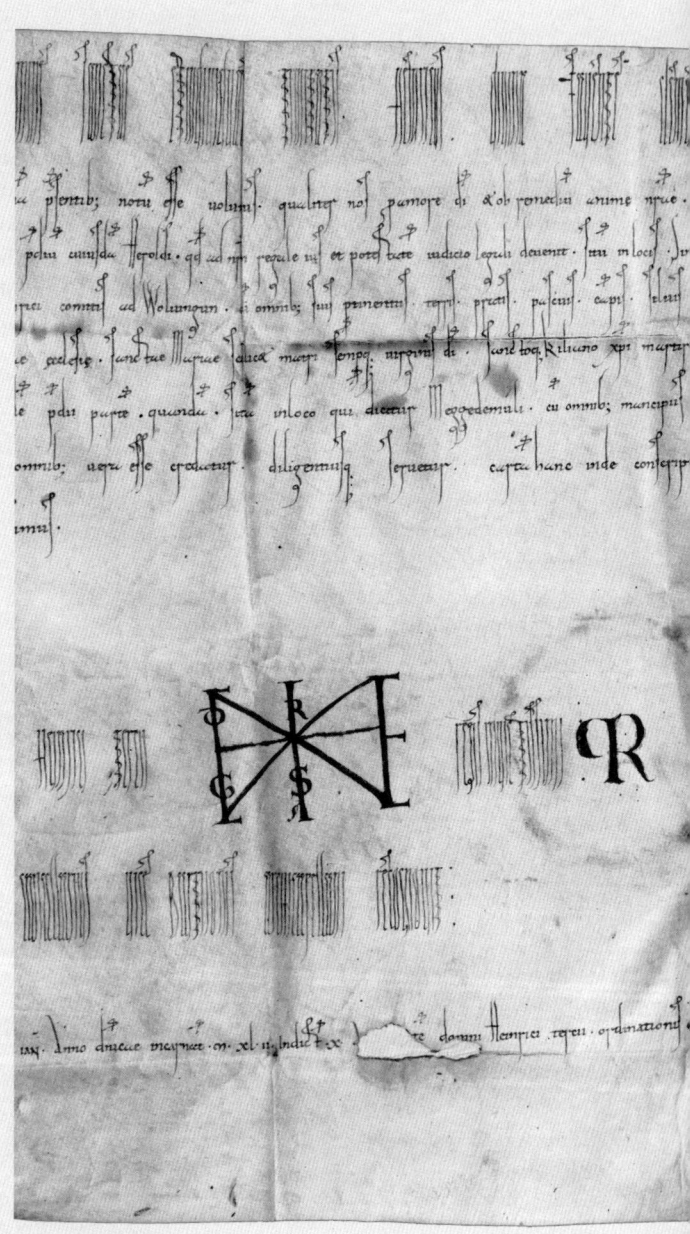

Abbildung 2
*Diplom König
Heinrichs III. von 1042*

angebracht. Die Unterlängen weist nahezu alle eine nach unten links verlaufende Krümmung auf.

Zeilen 9–10

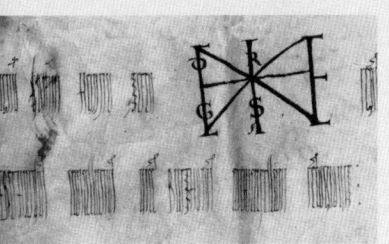

Verlängerte Schrift (Elongata). – Signumzeile des Ausstellers (*Signum domni Heinrici tercii regis invictissimi*). Nach dem vierten Wort ist das Herrschermonogramm eingefügt, das auf der Grundform eines H (= *Heinricus*) aufbaut und weitere Buchstaben seines Namens enthält, etwa das E am rechten Außenschaft, das I als dritten, in die Mitte hineingesetzten Schaft, das N als Diagonale zwischen den beiden Schäften links und rechts außen, das R und das S auf diesem Mittelschaft sowie D und G (für *dei gratia*) auf dem linken Schaft.

Rechts am Ende der Signumzeile steht ein besonderes Zeichen, das in dieser Form nur Heinrich III. benutzte. Die Erklärungen dieses Zeichens sind umstritten. Nahe liegend ist es, zu vermuten, dass hier drei Buchstaben ineinander verschränkt wiedergegeben sind. Die obere Hälfte des langen Mittelschaftes sowie die rechts und links davon zu findenden, nach unten fast geschlossenen Bögen könnten als ein M aus der Unzialschrift zu lesen sein. Der Mittelschaft sowie der rechte Bogen gemeinsam ergeben nach dieser Lesart ein P. Derselbe Mittelschaft mit dem rechten Bogen und dem sich nach rechts unten diagonal anschließenden Abstrich ergibt ein R. Gemeinsam wäre zu lesen MPR (= *manu propria*, mit eigener Hand). – Alternative Lesemöglichkeiten bietet an und diskutiert RÜCK, Bildberichte vom König S. 29–36.

Unterhalb der Signumzeile folgt, ebenfalls in verlängerter Schrift, die Rekognition des Kanzlers (*Eberhardus cancellarius vice Bardonis archicapellani recognovit*).

Rechts der beiden Zeilen
befindet sich das Königssiegel Heinrichs III., das ihn auf der Thronbank sitzend, mit dem Reichsapfel in seiner linken Hand (= auf der Abbildung also rechts) und dem Szepter in der rechten Hand zeigt.

Zeile 11
Diplomatische Minuskel. – Datum und Actum der Urkunde sowie die abschließende Apprecatio, die ursprünglich mit dem jetzt vorletzten Wort der Urkunde (*AMEN*) abschloss. Von anderer Hand ist später das Wort *feliciter* ein zweites Mal hinzugesetzt worden. In dieser Zeile weist das Diplom eine hier gut erkennbare Beschädigung auf.

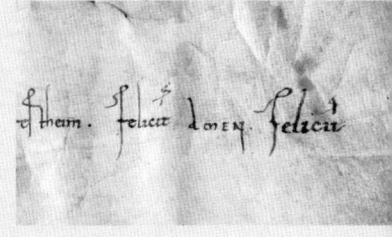

Abbildung 3
Diplom König Heinrichs (VII.) von 1224

Die Abbildung zeigt ein Diplom König Heinrichs (VII.) (1220–1235), des Sohnes Kaiser Friedrichs II., von 1224 September 4, ausgestellt in Dortmund, für das Katharinenkloster Dortmund (Dortmunder Urkundenbuch, bearb. von Karl Rübel, Bd. 1, Dortmund 1881, Nr. 63). Inhalt der Urkunde ist die Bestätigung einer Güterschenkung an dieses Kloster und die Bestätigung des Rechtsstatus des Klosters einschließlich der Vogteirechte.

Das Diplom ist im Hochformat gehalten, also höher als breit. Der zur Verfügung stehende Platz – im Original immerhin 55 cm breit und 60 cm hoch – ist bis auf den letzten Millimeter ausgenutzt worden. Anders als Urkunden früherer Zeiten ist die Tendenz zur Vereinfachung des Layouts und zur Uniformierung des Schriftbildes überdeutlich: Auf einer in der Abbildung nicht mehr zu erkennenden Liniierung sind relativ eng untereinander die insgesamt 22 Zeilen des Textes geschrieben. Links und rechts gehen die Buchstaben bis unmittelbar an den Pergamentrand heran. Angesichts des zunehmenden Wortreichtums mancher staufischen Herrscherurkunden ist die Unterbringung eines Urkundenwortlautes auf der natürlich begrenzten Maximalfläche eines Pergamentblattes bisweilen schwierig.

Graphisc herausgehoben sind nicht mehr – wie in früheren Jahrhunderten – einzelne Zonen, sondern in dieser vereinfachten Form des staufischen Diploms nur noch wenige Wörter und bestimmte, nicht zufällig ausgewählte Satzanfänge:

In Zeile 1
wird die Intitulatio (*In nomine sancte et individue trinitatis*) in Majuskeln geschrieben.

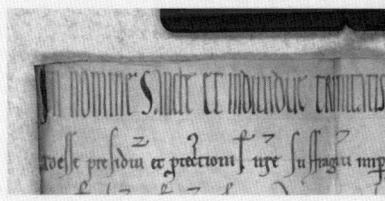

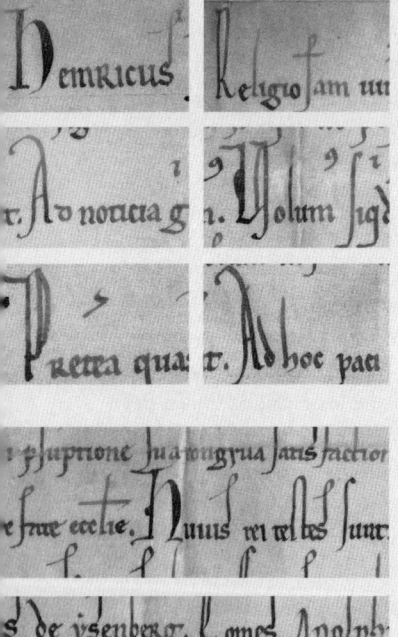

Herausgehoben werden dann neben dem Anfangsbuchstaben des Ausstellernamens *Heinricus* der Beginn der Arenga (Zeile 1: *Religiosam vitam eligentibus*), der Publicatio (Zeile 2 Ende: *Ad noticiam igitur omnium fidelium*), die Satzanfänge innerhalb der Dispositio (Zeile 6: *Uolumus*; Zeile 7: *Preterea*, Zeile 10: *Ad hoc*, Zeile 11: *Decernimus*, usw.).

Die mittlerweile zur Selbstverständlichkeit gewordene Zeugennennung – ein Teil des Eschatokolls der Urkunde – beginnt in Zeile 19 (*Huius rei testes sunt*), das Datum zwei Zeilen darunter in Zeile 21 (*Acta sunt hec*), ebenfalls ohne Absatz mitten in der Zeile.

Das exzellent erhaltene Thronsiegel Heinrichs (VII.) hängt an einem gedrehten Faden an.

4.

Die Entstehung der Urkunden

Vom Wunsch nach Beurkundung
bis zur Aushändigung an den Empfänger

Der Weg vom Wunsch nach Beurkundung eines Rechtsgeschäfts bis zur Aushändigung der ausgefertigten Urkunde an den Empfänger lässt sich nur idealtypisch darstellen. Die einzelnen Elemente dieser idealtypischen Abfolge sind nicht zu allen Zeiten des Mittelalters und bei allen Ausstellern gleichermaßen zu beobachten. Freilich herrscht hier eine erhebliche Unsicherheit der Forschung im Detail vor, denn soviel die Diplomatik über das Ergebnis des Beurkundungsvorganges – also über die Urkunde selbst – weiß, so relativ wenig weiß sie über den Weg bis zur Urkundenausstellung zu sagen. Das liegt vor allem daran, dass über die mündlich vonstatten gegangenen Verhandlungen nur selten etwas bekannt ist und dass schriftliche Vorstufen von Urkunden (Konzepte, → Kapitel 8) nur in Einzelfällen überliefert sind. Grundsätzlich wird man, was die Entstehungsumstände von Urkunden angeht, verschiedene Ausstellungsorte und dort jeweils unterschiedliche Verfahrensweisen zu unterscheiden haben: den Hof 1) der Kaiser und Könige, 2) der Päpste sowie 3) die sehr unterschiedlichen Milieus, in denen Privaturkunden ausgestellt werden konnten und für die hier beispielhaft städtische Kanzleien behandelt werden sollen.

4.1 | Die Kanzlei als Ort der Beurkundung und als Problem der Forschung

Die Entstehung der Urkunden vollzog sich zu wesentlichen Teilen in der **Kanzlei** des Ausstellers. Es handelt sich hierbei im Wesentlichen um einen Vereinbarungsbegriff der diplomatischen Forschung (geprägt und definiert im 19. Jahrhundert von THEODOR VON SICKEL), während ein scheinbar entsprechender Quellenbegriff *(cancellaria)* erst seit dem 12. Jahrhundert belegt ist und relativ selten verwendet wurde. Als Kanzlei im Sinne der Diplomatik wird die Beurkundungsstelle eines Ausstellers verstanden. Sie ist – anders als von SICKEL und anderen unterstellt – nicht notwendig eine hierarchisch aufgebaute Institution mit mehreren Angehörigen, die voneinander sorgsam getrennte Kompetenzbereiche besitzen und aufgrund von Anweisungen der Kanzleispitze handeln. Vielmehr handelt es sich um eine in der inneren Struktur eher diffus bleibende Personengruppe, innerhalb derer die im Folgenden geschilderten Arbeitsvorgänge der Beurkundung verteilt worden sind. Bei weniger bedeutenden Ausstellern wurden die Funktionen der Kanzlei bisweilen ohnehin nur von einer einzelnen Person wahrgenommen.

Hierarchisch eindeutig geregelt ist lediglich die nominelle **Leitung der Kanzlei**. Im Falle der Kaiser- bzw. Königskanzlei des Ostfränkisch-Deutschen Reiches oblag sie in karolingischer Zeit einem **Erzkapellan** *(archicapellanus)* bzw. **Erzkanzler** *(archicancellarius)*. Beide Ämter wurden seit den Zeiten Ludwigs des Deutschen (833–876) in einer Hand vereinigt. Der Erzkapellan, ursprünglich der geistliche Leiter der Hofkapelle, nahm seither als Leiter der Kanzlei auch weltliche Aufgaben wahr, während die Aufgaben der Hofkapelle sich auf die Bewahrung des herrscherlichen Reliquienschatzes sowie auf die Seelsorge für Herrscher und Hofangehörige bezogen. Die Vereinigung weltlicher und geistlicher Aufgaben ließ Hofkapelle und Kanzlei nicht nur hinsichtlich der Leitung, sondern allgemein in Personen und Aufgaben teilweise identisch werden.

In ottonischer Zeit setzt sich die Bezeichnung Erzkanzler für den Kanzleileiter durch. Gleichzeitig geben die mit diesem Amt betrauten Erzbischöfe den Einfluß auf das eigentliche Kanzleigeschäft fast vollständig aus der Hand und werden in dieser Funktion, endgültig seit der Regierungszeit Ottos I. (936–973), durch die **Kanzler** ersetzt. Nur noch die Rekognoszierung der Urkunden durch die Kanzler »in Vertretung« des jeweiligen Erzkanzlers erinnert an die nominelle Leitungstätigkeit der Kanzleivorsteher. Eine Trennung verschiedener Kanzleien unter je eigenen Erzkanzlern bzw. Kanzlern 1) für das Reich im engeren Sinne, 2) für Italien sowie 3) für Burgund spiegelt die Binnenstruktur des mittelalterlichen Reiches in ottonisch-salischer Zeit wider. Wie die Erzkapelläne bzw. Erzkanzler sind auch die Kanzler im Laufe des hohen Mittelalters und bis weit in das späte Mittelalter hinein Geistliche, oftmals als Bischöfe oder Reichspröpste geistliche Reichsfürsten. Hierin spiegelt sich noch in nachstaufischer Zeit die besondere geistliche Prägung der Kanzlei und damit des Vorganges der Ausstellung herrscherlicher Urkunden.

Neben den Kanzlern wirkten in der kaiserlichen bzw. königlichen Kanzlei des hohen Mittelalters **Notare**, in deren Händen die Hauptlast des Beurkundungsgeschäfts lag. Sie führten sehr unterschiedliche Amtsbezeichnungen (neben *notarius* auch *cancellarius* u. ä.). Die bis vor wenigen Jahren unwidersprochen geltende Ansicht, es handele sich bei diesen namentlich zumeist unbekannt bleibenden Personen um zwar schriftkundige, im Übrigen aber im Allgemeinen um unselbständig arbeitende, subalterne Mitarbeiter einer hierarchisch organisierten Behörde, ist zu Recht als irrig bezeichnet worden (HUSCHNER). Statt dessen konnte nachgewiesen werden, dass Kanzler und Notare häufiger als bisher angenommen personenidentisch waren und dass es sich bei ihnen sehr häufig um geistlich gebildete und politisch hochrangige Persönlichkeiten handelte, deren Beteiligung an den Beurkundungen alles andere als subalterne Qualitäten aufwies. Die bisher aufgrund ihrer Anonymität mit Siglen bezeichneten Notare (Sigle aus dem Namen des Kanzlers und einem Großbuchstaben in der Reihenfolge des Auftretens in der Kanzlei; z. B. Liudolf B = zweiter Notar unter einem Kanzler Liudolf) können in zunehmendem Umfang nun als historisch bekannte Persönlichkeiten identifiziert werden.

Der Abschied vom dreistufig gedachten Kanzleimodell SICKELscher Prägung, durch das Vorstellungen des 19. Jahrhunderts vom Aufbau des damaligen Staates unbesehen in das Mittelalter übertragen wurden, hat den genaueren Blick auf die einzelnen Schritte der Beurkundungsvorgänge geöffnet: In ihrer Analyse wird mehr als bisher deutlich, welchen Umfang die Beteiligung einzelner Personen im Umkreis des Ausstellers am Entstehen der Urkunden in Wortlaut und äußerer Form besessen hat. Die tatsächliche Beteiligung von Erzkapellänen bzw. Erzkanzlern sowie von Kanzlern am Vorgang der Beurkundung wird künftig umfassend neu zu diskutieren sein. Kaiser- und Königsurkunden werden besonders in ihren Formulierungen zunehmend als Widerspiegelungen theologisch-philosophischer bzw. politischer Selbsteinschätzungen einzelner Personen aus der herrscherlichen Umgebung betrachtet.

Seit der Mitte des 12. Jahrhunderts ging die faktische Kanzleileitung von den Kanzlern auf die **Protonotare** über (seit 13. Jahrhundert auch: **Vizekanzler**). Gleichzeitig vergrößerte sich die Zahl des Kanzleipersonals. Erstmals wird eine Binnengliederung nach Aufgaben wenigstens im Ansatz erkennbar: Registratoren und Siegler werden genannt. Im 14. Jahrhundert nimmt die Bedeutung juristischer Fachausbildung für die Bewältigung der Kanzleiaufgaben sichtbar zu. Wiederum ein Jahrhundert später erscheint 1432 mit Kaspar Schlick der erste bürgerliche Kanzler an der Spitze der Reichskanzlei. Die Erforschung dieser spätmittelalterlichen Kanzleiverhältnisse auf Reichsebene ist derzeit in vollem Gang (HEINIG).

4.2 | Der Beurkundungsvorgang am Kaiser- bzw. Königshof

Die Beurkundung vollzog sich am Kaiser- bzw. Königshof in mehreren Schritten. Zu unterscheiden sind idealtypisch: 1) der meist mündliche und/oder symbolische Vollzug des eigentlichen Rechtsgeschäftes als Vorbedingung für die anschließende Beurkundung, aber auch als Gegenstand in der Urkunde niedergelegter Formulierungen, 2) der Beurkundungsbefehl des Ausstellers, 3) die Erstellung, ggf. auch die (wiederholte) Korrektur eines Urkundenentwurfs, 4) die Anfertigung der Reinschrift(en) der Urkunde, 5) die Vollziehung der Urkunde, 6) die Beglaubigung einschließlich der Besiegelung, 7) die Registrierung, ggf. auch die Taxierung sowie 8) die Aushändigung an den Empfänger.

1) Der mündliche und/oder symbolische Vollzug des eigentlichen Rechtsgeschäftes vollzog sich im Allgemeinen vor dem Herrscher als dem Aussteller der daraus folgenden Urkunde. Sofern das Interesse am Erhalt einer Urkunde beim späteren Empfänger lag, wandte er sich entweder selber (als **Petent, Impetrant** in eigener Sache) oder durch Dritte (als **Intervenienten** in seiner Sache, ggf. als Prokuratoren in seinem Auftrag) an den Aussteller und brachte die Bitte vor, über einen bestimmten rechtlichen Sachverhalt eine Urkunde ausgestellt zu bekommen. Dabei konnten zur Untermauerung der eigenen Rechtsposition sowie als Vorlage für den Wortlaut der erbetenen Urkunde frühere Beurkundungen in gleicher Sache (**Vorurkunden**) vorgelegt werden. Der Aussteller einer Urkunde wurde in dieser Konstellation nicht aus eigenem Antrieb tätig, sondern wurde gebeten, tätig zu werden. Das Rechtsgeschäft konnte auch als Ergebnis einer herrscherlichen Gerichtsverhandlung erwachsen. In diesem Fall wurde im Allgemeinen die durch die Verhandlung begünstigte Partei mit einer Urkunde versehen. Gegenstand, Verlauf und Ergebnis dieser mündlich geführten Verhandlungen wurden in den Herrscherurkunden ggf. in der **Narratio** wiedergegeben. Eventuell anwesende Handlungszeugen wurden in den seit salischer Zeit aufkommenden Zeugenlisten der Urkunden erwähnt (zu den Urkundenbestandteilen → Kapitel 6).
2) Der Beurkundungsbefehl des Ausstellers setzt den eigentlichen Beurkundungsvorgang in Gang. Er findet sich ggf. im Wortlaut der Urkunde wieder, zumeist im Zusammenhang mit der Ankündigung der Beglaubigungsmittel in der **Corroboratio**. Die Formulierungen zeigen deutlich, dass selbst im Fall einer vom Empfänger ausgehenden Initiative zur Beurkundung der Beurkundungsvorgang selber nur vom Aussteller angeordnet werden konnte. Dies gilt auch für die nicht seltenen Fälle, dass eine Beurkundung aufgrund der Vorlage von Vorurkunden nur eine materielle Bestätigung dieser Vorurkunden erbringen sollte. In diesem Fall wird der Beurkundungsbefehl in die sprachliche Form der Zustimmung zum Ansinnen des Petenten gekleidet.

3) Die Erstellung eines Urkundenkonzeptes lag in den Händen eines **Diktators**. Dies konnte ein beliebiger Angehöriger der Kanzlei sein, auch der Kanzleileiter selber. Das **Konzept** (als *nota, minuta, dicta* u. ä. bezeichnet) wurde auf der Basis einer knappen, wohl meist stichwortartigen Aufzeichnung über das Rechtsgeschäft (**Vorakt**) oder aufgrund eingereichter Vorurkunden oder aufgrund von Urkunden in vergleichbaren Angelegenheiten (oftmals in Formelsammlungen zusammengefasst, → Kapitel 8) erstellt. Korrekturen der Konzepte, teils mehrfach hintereinander bzw. von mehreren Händen, sind überliefert. Ein ausgesprochener Fertigungsbefehl am Ende der Korrekturen ist für Kaiser- bzw. Königsurkunden nur erschließbar, nicht aber belegt.

4) Die Erstellung der **Reinschrift** (*mundum*) lag in den Händen eines **Ingrossators**, der mit dem konzipierenden Notar durchaus identisch sein konnte. Auch die Reinschrift konnte nochmals einem Korrekturgang unterzogen werden.

5) Die **Vollziehung** der Urkunde durch den Aussteller konnte in verschiedenen Formen erfolgen: Belegt sind Unterschriften (in merowingischer Zeit und seit der Mitte des 14. Jahrhunderts), eigenhändige Vollziehungsstriche im vorgefertigten Monogramm (→ Kapitel 5) oder die Nennung von Beurkundungszeugen. Die Vollziehung war der erste und letzte Moment innerhalb des Beurkundungsvorgangs, an dem der herrscherliche Urkundenaussteller mit der Urkunde persönlich in Berührung kommen musste.

6) **Beglaubigung** und **Besiegelung** sicherten die Kanzleimäßigkeit der Urkunde sichtbar ab. Durch die Einfügung eines **Rekognitionszeichens** (→ Kapitel 5) und die darin enthaltene bzw. damit verbundene, teils eigenhändige Unterzeichnung durch den verantwortlichen Leiter der Kanzlei wurde in Form graphischer Symbole sichtbar gemacht, dass die Entstehung der Urkunde im Normalfall innerhalb der Kanzlei, bei Ausfertigungen durch die Empfänger mindestens aber mit der Zustimmung der Kanzlei erfolgte. Das bis zum beginnenden 12. Jahrhundert dem Pergament aufgedrückte, später dann unten an die Urkunde angehängte **Siegel** des Ausstellers stand zunächst neben den eigenhändigen Unterschriften, Voll-

ziehungsstrichen u. ä., entwickelte sich aber schon seit karolingischer Zeit zum wesentlichen, bald zum einzigen Beglaubigungsmittel überhaupt.

7) Spätestens nach der Beglaubigung und Besiegelung, unbedingt aber vor der Aushändigung der Urkunde an den Empfänger bestand die Möglichkeit, den Wortlaut in ein **Register** des Ausstellers einzutragen, um auf diese Weise eine Kontrollmöglichkeit über ausgegangene Urkunden und ihre Inhalte zu gewährleisten. Die Registereinträge sind häufig in formelhaften Teilen der Urkunde, besonders im Protokoll und Eschatokoll, auf den wesentlichen Inhalt verkürzt (→ Kapitel 8). Zu diesem Zeitpunkt bestand auch die Möglichkeit, ggf. anfallende Gebühren für die Ausstellung der Urkunde zu berechnen (**Taxierung**) und das Ergebnis der Berechnung auf der Urkunde zu vermerken.

8) Die **Aushändigung** der Urkunde (auch: **Behändigung**) an den Empfänger bzw. an seinen Vertreter lässt die Rechtskraft formal erst wirklich eintreten. Ein unmittelbar vor der Aushändigung abgebrochener Beurkundungsvorgang, und damit die Überlieferung des Stückes nicht beim Empfänger, sondern ggf. beim Aussteller, lässt vermuten, dass das Eintreten der rechtlichen Bindewirkungen nicht gewollt worden ist. Die Nichtaushändigung der im Übrigen fertigen Urkunde durch den Aussteller war die letzte Möglichkeit, sie nicht wirksam werden zu lassen.

4.3 | Der Beurkundungsvorgang an der päpstlichen Kurie

Am päpstlichen Hof vollzog sich der Beurkundungsvorgang im Grundsatz in den gleichen Schritten. Die gegenüber allen anderen Kanzleien des Mittelalters wesentlich weiter fortgeschrittene Entwicklung zur hierarchisch gegliederten Behörde, innerhalb derer die einzelnen Angehörigen der Kanzlei präzise umgrenzte Kompetenzbereiche aufwiesen, sowie die Massenhaftigkeit der Urkundenausstellung durch die Päpste spätestens seit dem 12. Jahrhundert führten jedoch zu einer wesentlich weitergehenden Form der Bürokratisierung und Formalisierung der Beurkundungsvorgänge bei Papsturkunden. Sie können hier wiederum nur idealtypisch beschrieben werden, da die Vielzahl organisatorischer und damit auch funktionaler Veränderungen innerhalb der päpstlichen Kanzlei im vorliegenden Rahmen kaum erfassbar sind.

1) Am Beginn des Beurkundungsvorgangs in der päpstlichen Kanzlei stand die Bitte des Urkundenempfängers um Ausstellung einer Urkunde und die Genehmigung dieser Bitte. Anders als am Kaiser- bzw. Königshof mußte diese Bitte durch das Einreichen einer **Supplik** schriftlich vorgetragen werden. Die Bitte wurde dem Papst mündlich vorgetragen oder aufgrund der Supplik verlesen; lediglich Routineangelegenheiten konnten ohne Vortrag in der päpstlichen Kanzlei abschließend bearbeitet werden. Auf der Supplik wurde seit dem 14. Jahrhundert die Genehmigung (**Signatur**) vermerkt. Anschließend wurde die Supplik mit demjenigen Datum versehen, das auch die daraus entstehende Papsturkunde tragen sollte. Die Eintragung nur der genehmigten Suppliken in das Supplikenregister schließt diesen Teil des Beurkundungsvorgangs ab.

Alle folgenden Beurkundungsschritte sind abhängig von dem Weg, den die zu beurkundende Sache innerhalb der päpstlichen Behörden nimmt. Geschildert wird im Folgenden der häufige Fall der **expeditio per cancellariam**, der Ausstellung durch die Kanzlei. Dieser Expeditionsweg umfasst (nach FRENZ) 27 einzelne Schritte, die hier nur summarisch wiedergegeben werden können. Daneben treten im Laufe des späten Mittelalters andere, konkurrierende Wege der Beurkundung, die einerseits vom Gegenstand der Beurkundung abhängig sind, andererseits von der Form der auszustellenden Papsturkunden. Sie unterscheiden sich teils deutlich vom hier geschilderten Ablauf.

2) Die Anfertigung des Konzepts einer Papsturkunde erfolgt normalerweise durch **päpstliche Notare**, seit dem 15. Jahrhundert durch die sog. **Abbreviatoren** auf der Basis der eingereichten Supplik. Sprachlich war die Verwendung des präzise normierten Sprachstils der Kurie *(stilus curie)* zwingend, der sich auch in Formelbüchern widerspiegelt (→ Kapitel 8).

3) Die Anfertigung der **Reinschrift** auf der Basis des Konzepts ist Sache der **Skriptoren**, die die von ihnen angefertigten Reinschriften auf der Plica namentlich zeichnen. Danach werden die Kanzleigebühren berechnet, die für die Ausstellung der Urkunde sofort zu zahlen sind (**Taxierung**). Bis zu diesem Zeitpunkt sind in der Regel etwa zwei Monate nach dem Supplikendatum anzusetzen.
4) Die erste Kontrolle der Reinschrift wird im Vergleich mit dem Konzept durch die Notare, später durch die Abbreviatoren vorgenommen. Auch dafür ist eine Taxe festzulegen und zu zahlen.
5) Die zweite Kontrolle der Reinschrift findet zunächst vor dem Papst selber durch Verlesung der Urkunde statt, seit dem 14. Jahrhundert in einer Versammlung von Kanzleiangehörigen. Dieser Vorgang wird als »Kanzlei halten« *(cancellariam tenere)* bezeichnet, ein auch sprachlicher Hinweis auf den Behördencharakter der päpstlichen Kanzlei in dieser Zeit; seit dem 15. Jahrhundert wird der Vorgang als **Judicatur** bezeichnet. Letztmals bei dieser Kontrolle können noch Korrekturvermerke angebracht werden; kleinere Korrekturen werden durch Rasur ausgeführt, größere durch Neuanfertigung einer Reinschrift.
6) Vor dem Anbringen des päpstlichen Siegels ist die Siegeltaxe zu entrichten. Zuständig für die Besiegelung und ihre Taxierung sind die **Plumbatoren**.
7) Abschließend wird die Urkunde registriert und nach der Zahlung der dafür nötigen Registertaxe dem Empfänger oder seinem Beauftragten ausgehändigt.

Sämtliche Schritte des Beurkundungsvorganges finden auf der Urkunde ihren Niederschlag in einer Vielzahl von Kanzleivermerken, die an genau festgelegter Stelle auf der Vorder- oder Rückseite bzw. auf oder unter der Plica der Urkunde angebracht werden und die für Kenner dieser Vermerke die Rekonstruktion des genauen Geschäftsablaufes in der päpstlichen Kanzlei möglich machen.

4.4 | Der Beurkundungsvorgang in städtischen Kanzleien

Städte bieten für die Darstellung der Verschiedenartigkeit, auch der Entwicklung im Ablauf der Beurkundungsvorgänge ein umfassendes Beispiel. In den Städten mit römischen Wurzeln hatten über das Ende des Weströmischen Reiches hinaus Institutionen der Gerichtsbarkeit und der Verwaltung weiter bestanden. Die **Gesta municipalia** (→ Kapitel 3) bezeugen auch den Fortbestand der damit verbundenen Schriftlichkeit. Dabei ging es in dieser Form von Aufzeichnungen nicht um das Entstehen von Urkunden im eigentlichen Sinne, sondern um die öffentliche Registrierung und damit um die Absicherung privat getätigter Rechtsgeschäfte und -verfügungen. Der Beurkundungsvorgang ähnelte dennoch in den wesentlichen Schritten den bereits geschilderten Abläufen an den Herrscherhöfen bzw. an der päpstlichen Kurie. Auch in den spätantik-frühmittelalterlichen Städten erschienen **Petenten** in der Kanzlei, erbaten auf der Grundlage von **Vorakten** die Ausstellung von Urkunden, nur wurden diese Urkunden ihnen nicht ausgehändigt, sondern (meist in Gestalt von Eintragungen in die registerähnlichen Gesta munipalia oder in andere Register) an öffentlich glaubwürdiger Stelle angefertigt und dort hinterlegt. Wenn den Petenten Urkunden übergeben wurden, handelte es sich um beglaubigte Abschriften der Registereinträge.

Mit der Rolle der öffentlichen Schreiber in diesen Aufzeichnungsprozessen hängt die Tatsache zusammen, dass sich – vor allem in den italienischen Städten seit dem frühen Mittelalter – ein Notariat ausbildete, das im Auftrage Privater urkundliche Aufzeichnungen erstellte. Dadurch tritt nicht eigentlich eine Veränderung des Beurkundungsvorganges ein, sondern eine Veränderung der Glaubwürdigkeit der dabei entstehenden Rechtsaufzeichnung. Die Glaubwürdigkeit des **öffentlichen Notariats** nimmt im Laufe des hohen Mittelalters zu, wird durch die Bestallung dieser Notare im Auftrage von Kaiser oder Papst noch gesteigert und führt dazu, dass Beurkundungen vor diesen Notaren dieselbe Glaubwürdigkeit erreichen wie Beurkundungen durch städtische Kanzleien im engeren Sinne.

Einen anderen Weg der Entwicklung nahm das städtische Urkundenwesen nördlich der Alpen und mit ihm der Beurkundungsvorgang in den städtischen Kanzleien des Reiches. Zum einen wurden **Stadtbucheinträge** in ganz ähnlicher Weise wie der der spätantik-frühmittelalterlichen Gesta municipalia vorgenommen. Zum anderen aber wird im Bereich der deutschen Städte des Mittelalters die **Siegelurkunde** als fertiges Produkt einer diplomatischen wie rechtlichen Entwicklung in dem Moment übernommen, in dem das Städtewesen sich rechtlich auszubilden beginnt, also um die Wende vom 12. zum 13. Jahrhundert. Dadurch kommt hier eine Form des Beurkundungsvorganges zustande, die die Abläufe am Herrscherhof mit denen der frühmittelalterlichen städtischen Beurkundungen auf dem Gebiet des ehemaligen Imperium Romanum verbindet.

Als eine Möglichkeit besteht die nachträgliche Beurkundung privater Rechtsgeschäfte zum Zweck der Rechtssicherung durch die städtischen Kanzleien, entweder verbunden mit der Aufnahme des Rechtsgeschäftes in städtische Aufzeichnungen (**Stadtbücher**) oder mit der sekundären Aushändigung einer urkundlichen Aufzeichnung an die Petenten. Die zweite und in weiten Bereichen des Reiches wichtigere Möglichkeit ist die Ausstellung einer Siegelurkunde, zu der ein Beurkundungsvorgang führt, der dem am Herrscherhof sehr ähnlich ist. Freilich muss einschränkend hinzugesetzt werden, dass städtische Kanzleien – abgesehen von einigen wenigen mittelalterlichen Großstädten – im Wesentlichen Einmannbetriebe waren. Im Unterschied zur kaiserlichen bzw. königlichen Kanzlei gab es allerdings in etlichen Städten insofern eine Form der Geschäftsverteilung, als spezielle Schreibstellen für unterschiedliche Sachbereiche bestehen konnten (vom städtischen Gerichtsschreiber bis zum Zollschreiber u. ä.). Wohl früher als in der Reichskanzlei sind in städtischen Kanzleien juristisch ausgebildete und meist auch graduierte Spezialisten zu finden, deren Aufgabenkreis neben den Kanzleidingen (städtische **Notare** bzw. **Protonotare**) auch die Rechtsberatung des städtischen Rates und die städtische Diplomatie (städtische **Syndici**) umfassen konnte.

Äußere Merkmale der Urkunden

*Beschreibstoffe, Layout, Schrift,
graphische Zeichen und Beglaubigungsmittel*

Die äußeren Merkmale mittelalterlicher Urkunden lassen sich bei aller Vielgestaltigkeit der individuellen Erscheinungsformen doch auf relativ wenige, allgemeingültige Grundlinien zurückführen. Dabei gilt, dass nahezu überall in Europa die Herrscherurkunden formal vorbildlich geworden sind. Die Papsturkunden machten in ihrer äußeren Gestalt eine andere Entwicklung durch, die sich mit derjenigen der Herrscherurkunden nur selten berührt, zumeist aber davon getrennte Wege geht. Die Privaturkunden schließlich haben im Grundsatz keine eigenen Besonderheiten auf dem Gebiet der äußeren Merkmale ausgeprägt, sondern übernehmen lediglich – und dies stark vereinfacht und reduziert – einige wenige graphische Zeichen und nehmen an der allgemeinen Schriftentwicklung der Herrscherurkunden teil. Die einzige nennenswerte Ausnahme eines graphischen Zeichens bei Privaturkunden ist das gleichzeitig zur Beglaubigung dienende **Notarssignet** (→ Kapitel 6).

5.1 | Beschreibstoffe

Papyrus ist als Beschreibstoff vor allem in der Osthälfte des Mittelmeerraumes am Ende der Spätantike und zu Beginn des Mittelalters weit verbreitet und behält seine Bedeutung bis etwa in das 9. Jahrhundert. Aus dem Mark der Papyrusstaude zu Bögen verarbeitet, war die Größe der einzelnen Papyrusbögen auf eine Breite von höchstens etwa 60 cm beschränkt, soweit nicht durch Aneinanderkleben mehrerer Bögen langgestreckte Papyri angefertigt wurden, die in Rollenform verwendet werden konnten. Das Vorkommen der Papyrusstaude war weitgehend auf Ägypten und Sizilien beschränkt. Dadurch wurde mit dem Unterbrechen der Handelsströme über das Mittelmeer im Verlaufe des Aufkommens des Islam an der Südküste des Mittelmeers (Eroberung Ägyptens durch die Araber 641) der regelmäßige Papyrusnachschub unterbrochen. Dies ist nur einer der Gründe für den Bedeutungsverlust des Papyrus als Beschreibstoff im christlichen Europa.

In den Kanzleien Europas wurde Papyrus unterschiedlich lang verwendet: Die päpstliche Kanzlei hielt bis in das 11. Jahrhundert am Papyrus fest (jüngste erhaltene Papsturkunde auf Papyrus 1057; parallel schon seit Johannes XVIII. [1004–1009], erstmals 1005, Verwendung des Pergaments). In den weltlichen Kanzleien Italiens wurde Papyrus teils bis in das 12. Jahrhundert hinein verwendet (Sizilien), in Spanien lediglich bis in das 10. Jahrhundert. Im Frankenreich verschwindet Papyrus spätestens im 8. Jahrhundert aus dem Urkundenwesen. Die merowingischen Könige wechselten um 670 von Papyrus auf Pergament als Beschreibstoff. Seither sind aus der Kanzlei stammende Kaiser- und Königsurkunden nicht mehr auf Papyrus geschrieben worden.

Klassischer Beschreibstoff für Urkunden des Mittelalters wurde seither das **Pergament**, die enthaarte und in gespanntem Zustand getrocknete, aber nicht gegerbte Haut, zumeist von Kälbern, Schafen oder Ziegen, die zur Beschriftung einseitig oder beidseitig mit einem Bimsstein geglättet und mit Kreide berieben werden konnte. Details der Pergamentart und -zubereitung sind regional unterschiedlich und erlauben eine Zuweisung seiner Entstehung an bestimmte Länder. Die Größe der zugeschnittenen und verwendbaren Teile der Tierhäute (der so genannten Nutzen) ist begrenzt; bei Schafen und Ziegen liegen die Mittelwerte bei etwa 60–70 cm Höhe und 55–60 cm Breite.

Pergament löst Papyrus als Beschreibstoff in einem teils länger anhaltenden Übergangszeitraum vollständig ab. Um 1100 ist Papyrus für die Urkundenherstellung in weiten Teilen Europas praktisch bedeutungslos geworden.

Nur zögerlich tritt im späten Mittelalter das **Papier** als Beschreibstoff für Urkunden in Erscheinung. Vermutlich wurde Papier bereits seit dem frühen 12. Jahrhundert in Sizilien hergestellt, sicherlich auf europäischem Boden durch die Araber in Spanien (Xàtiva um 1150). Noch 1231 wurde seine Verwendung von Kaiser Friedrich II. als für Notariatsurkunden minderwertig verboten. Im 13. Jahrhundert verbreitete sich die Papierherstellung in ganz Italien (Papiermühle in Fabriano bei Ancona 1268) und Teilen Frankreichs, seit dem ausgehenden 14. Jahrhundert auch in Deutschland (erste deutsche Papiermühle 1390). Seit den Zeiten Kaiser Friedrichs II. (1220–1250) wurde Papier für kaiserliche Mandate verwendet. Im 14. Jahrhundert werden zunächst Urkundenkonzepte, seit Karl IV. (1346–1378) auch Reinschriften von Urkunden auf Papier angefertigt. Im weiteren Verlauf des Spätmittelalters verbreitet sich Papier als Beschreibstoff, nicht zuletzt aus wirtschaftlichen Gründen, mit der Zunahme seiner industriellen Herstellung in Papiermühlen rasch, vor allem jedoch bei Privaturkunden.

Weitere Beschreibstoffe stellen seltene Sonderfälle dar und sind nicht eigentlich Gegenstand der Diplomatik. So werden vereinzelt **Urkundentexte als Inschriften** auf Stein oder Metall angebracht; sie sind Gegenstand epigraphischer Untersuchungen. Ähnliches gilt für die wenigen urkundenähnlichen Aufzeichnungen auf Wachstafeln.

5.2 | Layout

Die Formate der Papyri bzw. Pergamente, auf denen Urkundentexte geschrieben worden sind, haben sich im Verlaufe des Mittelalters auf kennzeichnende Art und Weise verändert. Als Grundregel kann gelten, dass das Querformat im Hochmittelalter nur zeitweise durch das Hochformat ersetzt wurde und dass allgemein die Größe der Kaiser- bzw. Papsturkunden zunahm, während im Spätmittelalter im Zuge der Entwicklung von Urkunden zur Massenware mit einer Vereinfachung der graphischen Ausgestaltung auch eine Verkleinerung des Formats einherging.

Bereits seit merowingischer Zeit überwiegt für die Herrscherurkunden das Querformat. Erst um 1100 wird es, ausgehend vom westrheinischen Gebiet, zunächst durch das **Hochformat** (*charta transversa*) abgelöst, bis um die Mitte des 12. Jahrhunderts das Querformat wieder erscheint und es vollends im 13. Jahrhundert das Übergewicht zurückgewinnt. Aussagen zur durchschnittlichen Größenentwicklung der Urkunden sind angesichts der Zahlen original überlieferter Stücke vor allem für Papsturkunden möglich: Deutlich zeigt sich, dass neben der im 12. und 13. Jahrhundert zunehmenden Größe der päpstlichen Privilegien eine sichtbar geringer werdende Größe des normalen Geschäftsschriftgutes der Litterae zu beobachten ist. Die Größe des Pergaments entspricht der Bedeutung, die die ausstellende Kanzlei dem Rechtsinhalt der Urkunde beimisst.

Zum Layout gehört neben dem Zuschnitt des Pergaments auch dessen **Zurichtung**. Die bei Papyrusurkunden gänzlich unbekannte **Liniierung**, meist in Form von waagerechten Blindlinien, die bisweilen durch (ein oder mehrere) senkrechte Begrenzungslinien am Zeilenanfang und -ende ergänzt wurde, erwies sich vor allem bei größerformatigen Stücken mit großen Zeilenlängen als unbedingt nötig. Sie ist seit den Zeiten Ludwigs des Frommen (814–840) in der kaiserlichen Kanzlei, seit dem 11. Jahrhundert in der päpstlichen Kanzlei üblich geworden. Bei Papsturkunden hat sich gezeigt, dass im Laufe des 12./13. Jahrhunderts die Vorzeichnung der Linien zunehmend mittig auf das Pergament gesetzt wurde, während noch im 11. Jahrhundert starke Asymmetrien zu beobachten waren. Auch die Zeilenabstände veränderten sich im Laufe des Mittelalters signifikant: Mit einer Zunahme insgesamt kleinerer Schriften mit weniger ausgeprägten Ober- und Unterlängen, womöglich aber auch angesichts der Notwendigkeit, mehr Urkundentext auf das Blatt bringen zu müssen, rückten die Zeilen enger zusammen.

5.1 | Schrift

Die Entwicklung der Urkundenschriften vollzog sich im Mittelalter auf mehreren Bahnen parallel: Zum einen unterschieden sich fast durchweg Buchschriften von Urkundenschriften, zum anderen herrschten zwischen der gleichzeitigen Schriftentwicklung der päpstlichen Kanzlei und derjenigen aller weltlichen Kanzleien des westeuropäischen Mittelalters große Unterschiede. Dies in allen Details darzustellen, ist auch angesichts der außerordentlich disparaten Forschungslage kaum möglich. Die Paläographie der Urkunden galt über lange Zeit für die diplomatische Forschung ebenso wie für die paläographische Forschung als unergiebiges, weil stark durch Schriftkonventionen und durch Konservativität der Schriftverwendung gekennzeichnetes Randgebiet.

Papsturkunden sind zunächst in der **Römischen Kuriale** geschrieben worden, die um 900 voll ausgeprägt war. Es handelt sich dabei um eine Umgestaltung der spätantiken römischen Minuskelkursive, neben die erstmals 971 die **Kuriale Minuskel** tritt, die der annähernd gleichzeitigen Karolingischen Minuskel der Kaiserurkunden ähnelt. In beiden Fällen wurde die Kontextschrift der Papsturkunden jeweils durch besondere Auszeichnungsschriften für das Protokoll und die Datierung der Urkunde sowie durch die eigenhändige Unterschrift des Papstes ergänzt. Im Verlaufe des 14. Jahrhunderts, insbesondere während des Aufenthaltes der Päpste in Avignon, gerät die päpstliche Urkundenschrift unter den Einfluss der französischen **Bastarda**. Durch zunehmende Manierismen der Schriftentwicklung schon in der Bastarda begünstigt, wird Mitte des 16. Jahrhundert die schwer lesbare **Scrittura bollatica** zur Standardschrift der Papsturkunden und bleibt in dieser Funktion bis 1878 in Benutzung.

Bei den **Kaiser- und Königsurkunden** vollzieht sich eine grundsätzlich andere Entwicklung, vor allem deswegen, weil anders, als das für die Römische Kuriale gilt, die Urkundenschriften seit den Zeiten der Merowinger unter dem wesentlichen Einfluss der spätantiken **Halbunziale** entstehen. Die merowingische Urkundenschrift ist in 38 Originalurkunden zwischen 625 und 717 überliefert. Schon hier tritt wie auch in späteren Urkunden und anderen Schriften die Heraushebung des Protokolls der Urkunden durch eine verlängerte Schrift (**Elongata**, *litterae elongatae*) auf, während die eigenhändigen Unterschriften in karolingischer Zeit bereits verschwunden sind. Die Urkunden der Karolinger bis zu Ludwig dem Deutschen sind in einer Übergangsschrift aus kursiven und unzialen Elementen, der **Diplomatischen Halbkursive**, geschrieben. Lediglich in einigen Teilbereichen der Urkunden, etwa in der Datierung, wird die durch Karl den Großen als einheitliches Ergebnis der Schriftreform begründete Karolingische Minuskel verwendet. Aus ihr wurde durch den damaligen Kanzler Hebarhard die erstmals um 870 bezeugte **Diplomatische Minuskel** entwickelt, die für mehr als drei Jahrhunderte die Standardschrift der Reichskanzlei bleiben sollte. In karolingischer Zeit stabilisierte sich auch die Verwendung von **Auszeichnungsschriften** nicht nur für das Protokoll, sondern auch für das Eschatokoll der Urkunden, insbesondere für Signum- und Rekognitionszeilen. Trotz der grundsätzlichen Beibehaltung der Diplomatischen Minuskel sind Entwicklungen im Schriftduktus unübersehbar, die die deutlich spürbare Unterscheidung dieser Urkundenschrift von den gleichzeitig verwendeten Buchschriften jedoch nicht antasten. Insbesondere die Schreibweise einzelner Buchstaben sowie die Ausprägung der teils übergroß wirkenden Ober- und Unterlängen änderten sich im Laufe des hohen Mittelalters mehrfach deutlich und konnten auch von Schreiber zu Schreiber sichtbare Unterschiede aufweisen, die für die zeitliche Einordnung undatierter Diplome ebenso von Bedeutung sind wie für die Zuweisung zu individuellen Schreiberhänden.

Im Laufe des 12. Jahrhunderts entwickelte sich unter dem allgemeinen Einfluss veränderten Formgefühls die **Gotische Minuskel**, die für die weiteren Jahrhunderte des Mittelalters die Grundlage der Schriftentwicklung bilden sollte. Die Buchstaben wirken steiler, schmaler und weisen Brechungen auf. Aufgrund anders zugeschnittener Schreibfedern wird erstmals die Unterscheidung zwischen verschiedenen Strichstärken möglich. Die Grundformen der Gotischen Minuskel gehen vor allem auch in die **Gotische Kursive** über, die die eigentliche Urkundenschrift des späten Mittelalters werden sollte und sich durch flüssige Schreibweise und eine starke Neigung zu Abkürzungen auszeichnete.

Zu den Spezialfällen der Urkundenschriften gehören die **Tironischen Noten**, eine auf Ciceros Sekretär M. Tullius Tiro zurückgehende Form einer Kurzschrift, bei der Wortzeichen (Radikale) aus teils mehreren Buchstaben mit Hilfszeichen (Auxiliaren) kombiniert wurden, die die Flexionsendungen angaben. Seit merowingischer Zeit in den Urkunden benutzt, verschwanden die Tironischen Noten in spätkarolingischer Zeit weitgehend. In Tironischen Noten wurden in den karolingischen Urkunden etwa Worteintragungen in Chrismen und Rekognitionszeichen vorgenommen, aus denen Gottesanrufungen oder Schreibernamen erschließbar sein könnten. Die Entzifferung der Tironischen

Noten ist teilweise umstritten, da die verwendeten Zeichenkataloge vor allem in karolingischer Zeit qualitativ stark abnahmen, während gleichzeitig der offenkundige Mangel an Schreiberkompetenz auf diesem Gebiet zunahm.

5.3 | Graphische Zeichen

Die wesentlichen graphischen Zeichen auf **Kaiser- und Königsurkunden** sind das Kreuzzeichen, auch als Handzeichen verwendet, das Chrismon als symbolische Anrufung Gottes, das Rekognitionszeichen sowie das Herrschermonogramm. Alle diese Zeichen ändern sich in erheblichem Umfang, teils auch unter Veränderung der graphischen Grundformen, so dass hier nur Grundlinien einer in den Einzelheiten wesentlich komplexeren Entwicklung nachgezeichnet werden. Die in jüngster Zeit erfolgten tiefgründigen theologisch-geistesgeschichtlichen Interpretationen einzelner graphischer Zeichen und ihres semiotischen Inhalts (RÜCK) sind nicht unwidersprochen geblieben, zeigen aber immerhin die Möglichkeit einer zweiten bedeutungstragenden Ebene hinter dem graphisch Sichtbaren dieser Zeichen auf.

Das **Kreuzzeichen** (auch: **Handzeichen**) diente als Zeichen der Beglaubigung einer persönlichen Unterschrift, ist in dieser Form bereits in der Antike nachweisbar und findet sich bis weit in das Mittelalter hinein in dieser Funktion. Schwierig ist mitunter die Frage zu klären, ob das Kreuz und die damit verbundene Unterschrift von derselben Hand stammen oder, falls nicht, ob das Kreuz oder die Unterschrift autograph sind. Die Verwendung von Kreuzzeichen zum Zwecke der Beglaubigung scheint in dem Maße abzunehmen, in dem sich die Verwendung des persönlichen Siegels als Beglaubigungsmittel verbreitet. Freilich kann die beglaubigende Funktion des Kreuzzeichens auch durch andere als Kreuzformen erfüllt werden, wie umgekehrt das Kreuzzeichen auf einer Urkunde auch andere Funktionen besitzen kann. So ist es auch als eine der einfacheren Formen der symbolischen Invocatio (→ Kapitel 6) verwendet worden; diese Funktion teilt es mit dem Chrismon (siehe dort).

Eindeutig in seiner Funktion ist das **Chrismon** als eine Form der symbolischen Anrufung Gottes (Invocatio) am Anfang einer Urkunde, nicht selten links oben außerhalb des Textblockes stehend. Seit dem Beginn der diplomatischen Forschung galt das Chrismon als aus dem Anfangsbuchstaben C des Namens Christi entwickelt oder als Kombination der griechischen Buchstaben X und P (chi + rho für *christos*) (**Christogramm**). Nach neueren Forschungen handelt es sich stattdessen eher um eine kursivierte und ligierte, also in Buchstabenverbindung geschriebene Zusammensetzung der Anfangsbuchstaben der Verbalinvocatio (*In dei nomine, In nomine domini* o. ä.).

Eng mit dem Chrismon verbunden ist in seiner Entstehung auch das **Rekognitionszeichen** innerhalb des Eschatokolls der Urkunden. Mit diesem Zeichen wurde seit karolingischer Zeit diejenige Zeile abgeschlossen, mit der der jeweils für die Urkundenausstellung zuständige Notar in Vertretung des Erzkapellans bzw. Kanzlers eigenhändig bestätigte, dass er die Urkunde abschließend überprüft (rekognosziert) habe. In spätkarolingisch-frühottonischer Zeit verlor dieses Zeichen seine beglaubigende Funktion und war nicht mehr durch den Verantwortlichen eigenhändig anzubringen. Dennoch wurde es zunächst bis zum ausgehenden 10. Jahrhundert beibehalten, wenngleich seltener verwendet, und erlebte unter König Heinrich III. in den Jahren nach 1041 nochmals eine Renaissance.

Die Entstehung des graphisch teilweise hochkomplexen Zeichens aus der Abkürzung für die Worte *recognovi(t)* (= ich habe/er hat überprüft) bzw. *subscripsi(t)* (= ich habe/er hat unterschrieben) gilt als allgemein anerkannt. Jedoch ist die weitere Entwicklung, insbesondere hin zu einer diptychonartigen Grundform mit zwei vielgestaltig ausgefüllten Feldern, bisher ebenso wenig befriedigend erklärt wie die Auffüllung von Teilen der Rekognitionszeichen mit Tironischen Noten in spätkarolingischer Zeit. Als »Bildbericht vom König« (RÜCK) bezeichnet, wird dem Rekognitionszeichen ähnlich wie in anderer Hinsicht dem Herrschermonogramm einerseits magischer Inhalt, andererseits auch die Funktion zugemessen, sehr konkrete Objekte (Thronbaldachine) graphisch hochstilisiert abzubilden.

Ähnliches gilt für das in dieser Funktion freilich leichter vorstellbare **Herrschermonogramm**. Seit merowingischer Zeit und bis in das späte Mittelalter hinein wurde dieses Zeichen auf einer H- oder X-förmigen Grundstruktur aufgebaut und in die herrscherliche Signumzeile im Rahmen des Eschatokolls eingefügt. Das Monogramm fungierte als das eigentliche königliche Beglaubigungsmittel, noch vor dem Siegel. Die Monogramme boten bis in die ottonische Zeit die Buchstaben des Herrschernamens in einer im Wesentlichen an der Leserichtung (von links nach rechts, von oben nach unten) orientierten Reihung. Erweiterungen des Monogramminhaltes bezogen sich auf Titel des Herrschers oder auf Anrufungen Gottes.

Innerhalb des Herrschermonogramms nimmt der **Vollziehungsstrich** eine besondere Stellung ein. Mit dem Fehlen einer Namensunterschrift durch den ausstellenden Herrscher wurde seit karolingischer Zeit und bis zum Ende der Salier mit Heinrich V. die eigenhändige Beteiligung des ausstellenden Herrschers dadurch gewährleistet, dass er einen meistens waagerechten Strich innerhalb des im Übrigen vorgefertigten Monogramms eigenhändig zog. Lediglich Otto III. scheint zum Monogramm mehr als nur einen Strich beigetragen und gelegentlich größere Teile des Monogramms eigenhändig gezeichnet zu haben.

Darüber hinaus haben diese »schwierigsten Signa der Urkunden«, die »Rätselzeichen sind und sein sollen« (RÜCK), möglicherweise noch andere Inhalte, die freilich, da solcherlei Interpretationen allein auf den Anfangsbuchstaben im Übrigen nicht ausgeschriebener Wörter aufbauen, nur spekulativ zu vermuten sind. Die Entwicklung der Monogramme hin auf eine unterstellte, aber nicht wirklich nachzuweisende Komplexität darin möglicherweise enthaltener theologisch-liturgischer Botschaften weist bei aller Umstrittenheit dieses Forschungsansatzes darauf hin, dass auch graphische Zeichen in Urkunden Bedeutungsträger in bisher nicht ausgeloteter Intensität gewesen sein können.

In Papsturkunden spielen lediglich zwei eigene graphische Zeichen eine Rolle: das **Bene-Valete-Zeichen** und die Rota. Sie finden sich im Wesentlichen zwischen 1050 und 1200 in den Urkunden und verschwinden nach 1300 vollständig. Das ausgeschriebene oder in Monogrammform verdichtete BENE VALETE stellt den seit den Antike überlieferten, eigenhändigen Abschiedsgruß des Briefschreibers dar, der in dieser Form als Unterschrift des Papstes in dessen Urkunden übergegangen ist, die der Aussteller also zunächst nicht mit dem eigenen Namen unterfertigte. Erst seit dem ausgehenden 11. Jahrhundert (Urban II. 1088–1099, Paschalis II. 1099–1118) tritt eine eigenhändige Namensunterschrift noch dazu.

Als **Rota** erscheint seit dem Pontifikat Leos IX. (1049–1054) links neben dem BENE VALETE ein doppelter Kreis, dessen Innenfläche durch ein Kreuz in vier Teile geteilt wurde. Die beiden oberen Viertel trugen bald die Namen der Apostelfürsten Petrus und Paulus, die beiden unteren Viertel den Namen des ausstellenden Papstes einschließlich seiner Ordnungszahl. Zwischen den beiden Kreisen findet sich eine mit einem Kreuz begonnene Devise, die die Päpste in der ersten Hälfte des 12. Jahrhunderts eigenhändig eintrugen.

Neben diesen beiden genannten Zeichen finden sich auch das **Kreuzzeichen** als Handzeichen des unterschreibenden Papstes bzw. in anderer Funktion an anderen Stellen der Urkunden sowie – insbesondere unter den Päpsten zu Ende des 10. Jahrhunderts – das **Christogramm**. In der zweiten Hälfte des 11. Jahrhunderts wird häufig neben das bisweilen ligierte BENE VALETE noch das sog. **Komma** gesetzt, eine graphische Form aus drei in Dreiecksform nebeneinander gesetzten Punkten und einem recht daneben stehenden sichelförmigen Symbol.

5.3 | Beglaubigungsmittel

Sehr unterschiedliche Formen konnten die in Urkunden verwendeten Beglaubigungsmittel aufweisen. Unter den graphischen Zeichen haben etliche der Beglaubigung von Urkunden gedient: Kreuzzeichen, Rekognitionszeichen und Monogramm, in Papsturkunden zusätzlich Rota und Benevalete, waren Mittel der Beglaubigung, unabhängig von der Tatsache, ob sie durch den Aussteller oder das zuständige Kanzleipersonal eigenhändig angebracht wurden oder von anderer Hand hinzugesetzt wurden. Beglaubigt wurde durch diese Zeichen einerseits die Kanzleimäßigkeit der jeweiligen Urkunde, andererseits aber auch und vor allem die Tatsache, dass die Urkunde durch die autographe Beteiligung des Ausstellers als rechtsgültig anzusehen sei. Dies lässt sich an Grenzfällen der Urkundenausstellung am deutlichsten zeigen: Urkunden, die eines der angekündigten oder kanzleimäßig normalen Beglaubigungsmittel nicht aufwiesen, galten als nicht rechtsgültig. Das betrifft Stücke mit fehlendem Vollziehungsstrich, also einem unfertigen Monogramm, ebenso wie unbesiegelte Urkunden.

Das **Siegel** tritt als Beglaubigungsmittel – gleichzeitig in gewisser Beziehung auch als graphisches Zeichen – seit merowingischer Zeit auf Königs- und Kaiserurkunden auf und ist gleichzeitig auch in der päpstlichen Kanzlei belegt. Dabei bedienten sich die Päpste metallener Siegel (Bleibullen), die Kaiser und Könige benutzten überwiegend Wachssiegel, in herausgehobenen Einzelfällen aber auch Metallbullen, zumeist aus Gold. Seit karolingischer Zeit wurde das Siegel als Beglaubigungsmittel in der Corroboratio der Urkunden angekündigt und bis in das beginnende 12. Jahrhundert hinein durch die vorher eingeschnittenen Urkundenpergamente durchgedrückt. Seither wandelte sich die Siegeltechnik und damit das Aussehen der Urkunden dadurch, dass die Siegel an einer Pressel aus Pergament oder Fäden an die Urkunden angehängt wurden.

Die Siegel weisen seit karolingischer Zeit Umschriften auf, die den Siegelführer zumeist namentlich bezeichneten. Die Siegelbilder unterlagen einem durchgreifenden Wandel, dessen einzelne Stationen bei den Kaisern bzw. Königen etwa folgende sind: Die Karolinger verwendeten überwiegend antike oder nach antikem Vorbild neu geschnittene Gemmen mit Köpfen im Profil und in römischer Bekleidung einschließlich des Lorbeerkranzes. Die Ottonen wechselten nach der Kaiserkrönung Ottos I. 962 zum Brustbild in Frontalansicht und den Insignien der Herrschaft in den Händen des Abgebildeten und unter Otto III. schließlich zum sogenannten Thronsiegel oder Majestätssiegel, das den Herrscher auf dem Thron sitzend, mit herrscherlicher Kleidung und den Insignien seiner Herrschaft frontal zeigte. Dieses Siegelbild blieb bis zum Ausgang des Mittelalters in den Grundzügen unverändert erhalten und diente auch als Vorbild, vorwiegend für die Siegelführung der geistlichen Reichsfürsten.

Die päpstliche Siegelführung erwies sich seit dem Hochmittelalter als relativ konstant. Die jeweils zweiseitig geprägten Bleibullen weisen im Frühmittelalter zunächst keine einheitliche Gestaltung auf. Um 750 und bis etwa zum Pontifikat Leos III. (1048–1054) handelte es sich um reine Schriftsiegel mit dem Papstnamen auf der einen und dem Titel auf der anderen Seite. Seit der Zeit Paschalis' II. (1099–1118) stabilisierte sich ein Siegelbild, das auf der einen Seite die Köpfe der Apostel Petrus und Paulus nebst hinzugesetzter Beschriftung zeigte, auf der anderen Seite in drei Zeilen den Papstnamen, den Titel und die Ordnungszahl. Diese Grundform der Papstbullen blieb bis 1878 unverändert in Gebrauch.

Zu den Beglaubigungsmitteln gehört schließlich die **Unterschrift**. Sie musste zu keinem Zeitpunkt zwingend eine Namensunterschrift sein, sondern konnte auch in einer Devise bestehen, wie das etwa beim päpstlichen Benevalete der Fall war. Sie musste auch nicht zwingend eigenhändig sein, sondern konnte im Auftrage des Unterzeichners von dritter Hand hinzugesetzt werden. Üblich war, wie bereits erwähnt, die namentliche Unterschrift des ausstellenden Königs in merowingischer Zeit. Unter den weniger bis gar nicht schriftkundigen Karolingern und ihren Nachfolgern bis in salische und staufische Zeit wurde die Unterschrift im Allgemeinen durch den Vollziehungsstrich im Monogramm ersetzt. Lediglich in einigen wenigen Fällen, nicht zuletzt bei Urkunden des Hofgerichts, tauchen im 10.–12. Jahrhundert vereinzelt königliche bzw. kaiserliche Unterschriften in objektiver Form auf, die möglicherweise eigenhändig sind. Erst der Einfluß des spätmittelalterlichen Briefwesens führte seit dem 14. Jahrhundert wieder zu einer Neuaufnahme der persönlichen Unterschrift in die Kaiser- und Königsurkunden. Karl IV. (1346–1378) pflegte als Unterschrift nicht nur den eigenen Namen, sondern stattdessen auch die Formulierung *per regem per se* zu verwenden (= durch den König selbst). Für die Könige und Kaiser des 15. Jahrhunderts wurde die eigene, jedoch nicht unbedingt eigenhändige Unterschrift unter ihren Urkunden wieder eine Normalität.

Unterschriften unter päpstlichen Urkunden sind wesentlich häufiger und grundsätzlich subjektiv gehalten (1. Person Singular). Seit der Ausgestaltung der Form des feierlichen Privilegs unter Paschalis II. (1099–1118) wurde die päpstliche Namensunterschrift unter dem Text allgemein üblich. Ergänzt wurde sie durch die Kardinalsunterschriften, die üblicherweise nach den Ordines (Kardinalbischöfe, -priester und -diakone) in drei Spalten und innerhalb der Spalten nach dem Ernennungsalter angeordnet wurden. Allerdings erweist sich das feierliche Privileg als recht kurzlebige Form der Papsturkunde, und schon seit dem Ende des 12. Jahrhunderts ist die Beteiligung des Papstes an der Vollziehung seiner Urkunden nur noch symbolischer Natur.

Abbildung 4
Mandat Kaiser Friedrichs I. von 1177

Abbildung 4 (siehe vorherige Seite)
Mandat Kaiser Friedrichs I. von 1177

Die Abbildung zeigt ein Mandat Kaiser Friedrichs I., wohl von 1177 August 9, ausgestellt in Venedig, für Domkapitel, Prälaten, Ministerialen, Klerus und Volk der Salzburger Kirche (Monumenta Germaniae Historica. DD F. I. 693). Inhalt des Mandats ist die Mitteilung, dass der neu gewählte Salzburger Erzbischof Konrad vom Kaiser mit den Regalien investiert wurde und dass ihm zu gehorchen sei.

Stauferzeitliche Mandate sind – soweit sie überhaupt in Originalen erhalten sind – extrem schmucklos gehalten. Sie waren nur zeitlich begrenzt gültig, brauchten deswegen nicht lange aufbewahrt zu werden und konnten anspruchslos hergestellt werden. Auch dieses Stück macht darin keine Ausnahme. Der 22zeilige Text ist in einer einfachen Minuskelschrift gehalten, bei der lediglich einige wenige, herausgehobene Ober- und Unterlängen entfernt an die Diplomschrift des 12. Jahrhunderts erinnern. Im Übrigen sind lediglich die Ausstellerinitiale und einige Satzanfänge durch vergrößerte Buchstaben herausgehoben. Die Schrift ist im Übrigen unsauber. Offensichtlich war der Schreiber in Eile, ließ die Tinte verlaufen und musste nachträgliche Ergänzungen einfügen. Zum Ende des Textes, der nahezu randlos auf ein vorgefertigtes Pergamentblatt geschrieben wurde, geriet er in Platznot. Deswegen nehmen im letzten Drittel des Textes die Abkürzungen stark zu.

Vom ursprünglich angehängten Siegel sind lediglich formlose Wachsbrocken erhalten, die keinen Rückschluss auf das verwendete Typar zulassen.

Abbildung 5
Privileg des Papstes Paschalis II. von 1111

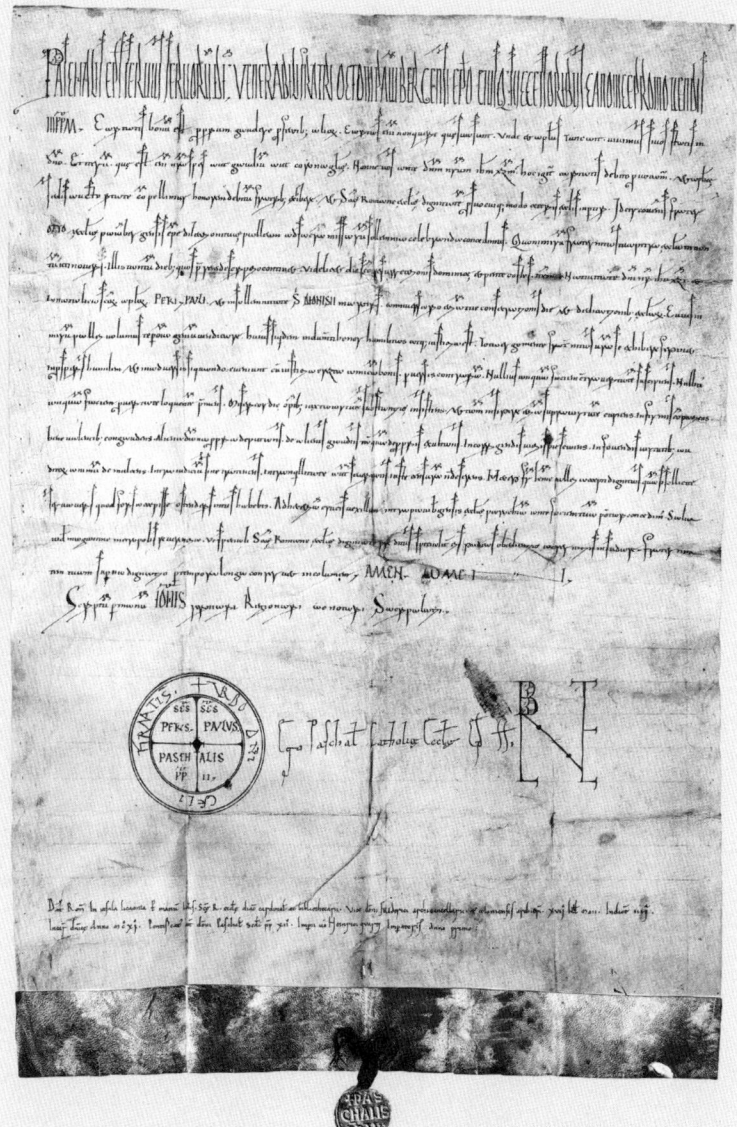

Abbildung 5 (siehe vorherige Seite)
Privileg des Papstes Paschalis II. von 1111

Die Abbildung zeigt ein Privileg des Papstes Paschalis II. (1099–1118) von 1111 April 15 für Bischof Otto von Bamberg und die Bamberger Kirche, ausgestellt in Rom (Bibliotheca rerum Germanicarum, hg. von Philipp Jaffé, Bd. 5: Monumenta Bambergensia, Berlin 1869, S. 277–279 Nr. 151). Inhalt des Privilegs ist die Gewährung, an bestimmten Festtagen das Pallium – das Zeichen der erzbischöflichen Würde – anlegen und sich ein Kreuz vorantragen lassen zu dürfen.

Das Privileg ist zeittypisch im Hochformat gehalten, also höher (65 cm) als breit (44,5 cm). Das Pergamentblatt ist regelmäßig beschnitten. Unten trägt die Plica, der Umbug des Pergaments längs der unteren Kante, die päpstliche Bleibulle. Das Privileg weist vier Zonen unterschiedlicher graphischer Gestaltung auf:

Zeile 1
Verlängerte Schrift (Elongata). – In verlängerter Schrift erscheinen die Intitulatio (*Paschalis episcopus servus servorum dei*) und den überwiegenden Teil der Inscriptio (*venerabili fratri Ottoni Pavibergensi episcopo eiusque successoribus canonice promovendis*). Der Abschluss der Inscriptio bildet den Anfang der zweiten Zeile (*in perpetuum*).

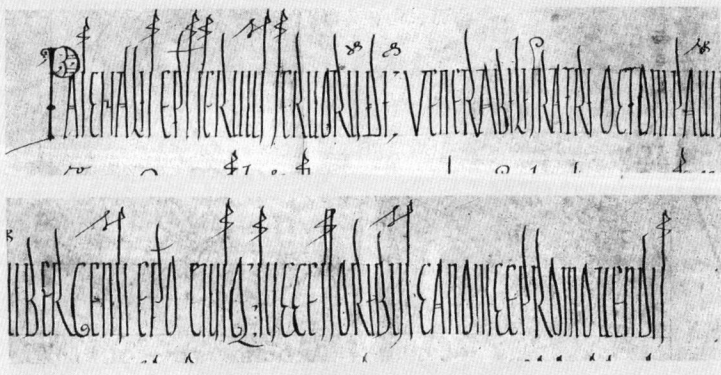

Zeilen 2–16

Minuskel. – Der Rest des Protokolls der Urkunde sowie der gesamte Kontext sind in einer sehr gleichmäßigen Minuskelschrift mit ausgeprägten Ober- und Unterlängen gehalten, die insgesamt den Eindruck einer leichten Rechtsneigung vermittelt.

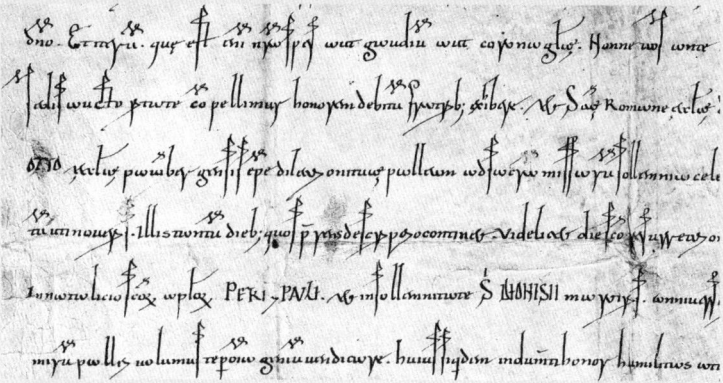

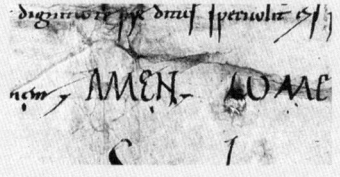

In Zeile 15 endet der Kontext mit einem doppelten *Amen. Amen.* Das n des zweiten Amen ist weit auseinandergezogen. An dieser Stelle steht zumeist ein dreifaches *Amen*, gefolgt von einem sog. Komma als Schlusszeichen zum Schutz vor nachträglichen Texteinfügungen.

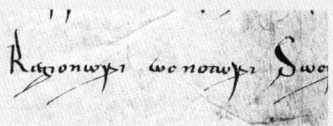

Es folgt der in Kursive gehaltene Scriptorenvermerk, in dem sich Johannes als *scriniarius regionarius ac notarius sacri palatii* selbst namentlich nennt.

Zeile 17

Eingerahmt von der päpstlichen Rota links und dem Benevalete auf der rechten Seite steht in der Mitte dieser Zeile die eigenhändige Unterschrift des Papstes *Ego Paschal(is) catholicę eccl(esi)ę ep(iscopu)s s(ub)s(scripsi)*.

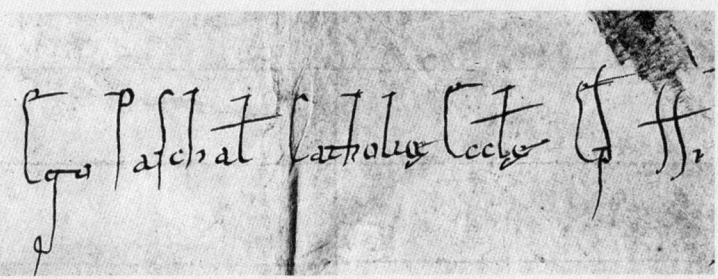

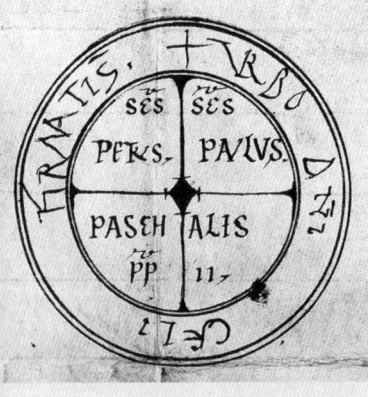

Die links davon stehende Rota weist zwischen dem Doppelkreis die ebenfalls vom Papst eigenhändig eingeschriebene Devise seiner Amtszeit auf, im Falle Paschalis' II. *Verbo domini celi firmati s(unt)*. Innerhalb des inneren Doppelkreises steht in den beiden oberen Quadranten die Nennung der päpstlichen Heiligen *SCS PETRVS* und *SCS PAVLVS*, in den beiden unteren Quadranten die Nennung des Papstnamens und der Ordnungszahl *PASCH-ALIS P(A)P(A) II*.

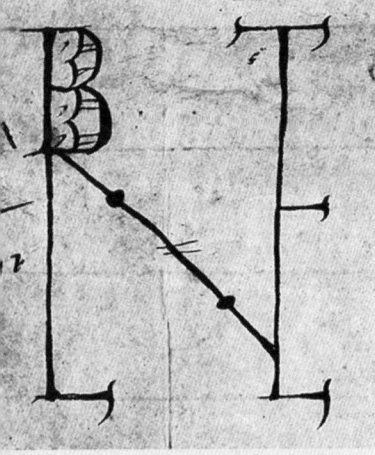

Das Benevalete rechts der päpstlichen Unterschrift beruht auf der Grundform eines N und weist – in etwa von links oben nach rechts unten gelesen – die Buchstaben des Wortes *BENEVALETE* in teils graphisch stark stilisierter Form als Einzeichnungen in dieses N auf.

Zeilen 18–19

Minuskel. – In auffallend kleiner Schrift, deutlich kleiner als die ansonsten ganz gleichartige Kontextschrift, folgt das Datum der Urkunde: *Dat. Rom(e) in insula Licaonia, p(er) manu(m) Ioh(anni)s s(an)c(t)ę R(omanę) eccl(esi)ę diac(oni) card(inalis) ac bibliothecarii, vice do(mi)ni Friderici archicancellarii (et) Coloniensis archiep(iscop)i, XVII kl. maii, indict(ione) IIII^a, | incar(nationis) d(omi)nicę anno MC°XI°, pontificat(us) a(u)t(em) do(mi)ni Paschal(is) s(e)c(un)di p(a)p(ę) XII°, imperii v(er)o Heinrici quarti imp(er)atoris anno primo.* – Die Angabe der Kaiserjahre in einer Papsturkunde – hier: des ersten Kaiserjahres Heinrichs V. – ist eine relativ seltene Besonderheit.

ABBILDUNG 6

Abbildung 6
Littera des Papstes Urban III. von 1186/87

Die Abbildung zeigt eine Littera des Papstes Urban III. (1185–1187), von (1186/87) Juni 28 für das Kloster Engelberg, ausgestellt in Verona (Urkundenbuch der Stadt und Landschaft Zürich, bearb. von Johann Jakob Escher, Bd. 1, Zürich 1888, S. 218 Nr. 341). Inhalt der Littera ist die Bestätigung eines Urteils in einem Streit zwischen dem Kloster und einem Ritter in der Umgebung.

Die Littera ist im Querformat beschrieben, also breiter (20,2 cm) als hoch (15,8 cm). Auffallend sind die großen Abstände zwischen den Zeilen. Die Urkunde weist eine in sich weitgehend einheitliche graphische Gestaltung auf und verzichtet gegenüber den päpstlichen Privilegien auf nahezu alle graphischen Zeichen.

Zeile 1
Verlängerte Schrift. – In verlängerter Schrift erscheint lediglich der Name des Ausstellers *Urbanus*.

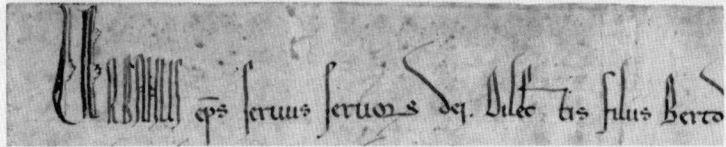

Zeilen 1–11
Kuriale Minuskel. – Der Rest des Protokolls der Urkunde sowie der gesamte Kontext sind in der sehr gleichmäßigen kurialen Minuskelschrift gehalten, die für die Papsturkunden bis zum 14. Jahrhundert kennzeichnend bleibt. Neben einem großen Zeilenabstand fällt auch der deutliche Abstand zwischen den einzelnen Wörtern ins Auge.
Beginnend mit der vierten Zeile wird eine Eigentümlichkeit der päpstlichen Urkundenschrift jener Zeit deutlich: Die Ligaturen *s-t* und – hier nicht vorkommend – *c-t* werden durch extrem lange waagerechte Striche mehr voneinander getrennt als miteinander verbunden geschrieben (Zeile 4: *ques-tio*, Zeile 5: *ves-tro*, *es-t* usw.).

In der letzten Zeile wird dieser Eindruck noch dadurch gesteigert, dass – unter anderem auch zur Sicherung vor Fälschungen – die verbleibenden restlichen Wörter mit gewaltigen Abständen auf die ganze Zeile verteilt geschrieben sind (*Verone – IIII – k(a)l. – Iulii*).

6.

Innere Merkmale der Urkunden

Als innere Merkmale der Urkunden bezeichnet man alles das, für dessen Erkenntnis und Verständnis man auf den Text der Urkunde zurückgreifen muss, also mehr tun muss, als die Urkunde lediglich in Augenschein zu nehmen. Die Verwendung von Formeln, die Einhaltung eines bestimmten Formulars und die dadurch vorgenommene Fixierung eines Rechtsinhaltes sind die wesentlichen Gegenstände der Untersuchung der inneren Merkmale. Daneben tritt die Untersuchung der Urkundensprache und ihres Stils (→ Kapitel 7).

Urkunden sind Rechtsdokumente. Sie werden deswegen in einer überwiegend rechtsförmigen Sprache aufgesetzt und bedienen sich rechtssprachlicher Formeln und Formulare. Die Verwendung von Formularen wechselt je nach Aussteller sowie Ort und Zeit der Urkundenausstellung. Jedoch sind die Formulare wegen der relativen Stabilität ihrer Verwendung hinreichend deutliche Zeichen für die Zuordnung des Diktats einer Urkunde zu einem bestimmten Aussteller, einer bestimmten Zeit, auch einem bestimmten Ort bzw. einer Landschaft. Insgesamt ergibt sich daraus die Möglichkeit eines Rückschlusses auf die Kanzleimäßigkeit einer Urkunde, also auf die Übereinstimmung mit den jeweils aktuellen Normen der ausstellenden Kanzlei.

Die Aufeinanderfolge der Formeln erlaubt es, die meisten Bestandteile einer mittelalterlichen Urkunde auf Grundformen der antiken Gerichtsrede zurückzuführen. Die rhetorischen Normen dieser Reden sahen vor, dass mit dem Exordium eine allgemeine, nicht unmittelbar auf den konkreten Sachverhalt bezogene Einleitung am Beginn stehen musste. Die Narratio im Sinne einer Wiedergabe des konkreten Sachverhaltes, seiner Entstehung und seiner Entwicklungsgeschichte folgte danach, bevor in der Argumentatio die rechtliche Würdigung dieses Sachverhaltes geboten wurde und die für das Gericht daraus abzuleitenden juristischen Folgerungen umschrieben wurden. Ein knapper Epilog konnte eine solche Rede abschließen und nach dem Appell an das Gericht einen Abschluss enthalten, im Verlaufe dessen die Anrufung der antiken Götter erfolgte, unter deren besonderem Schutz das Gericht seine Entscheidung zu finden, zu verkünden und zu vollstrecken hatte.

In der Urkundenlehre ist die Aussagekraft formelhafter Bestandteile der Urkunden lange Zeit erheblich unterschätzt worden. Die sprachlich feststehenden, sich kaum wandelnden und vermeintlich stereotypen Formulierungen schienen keinerlei Bedeutung über die Regelung des Rechtsgeschäftes hinaus zu besitzen. Es bedurfte erst der grundlegenden Forschungen des österreichischen Diplomatikers HEINRICH FICHTENAU (*Arenga*, 1958) und der Weiterführung durch seine Schüler, um nachzuweisen, dass insbesondere die Selbstnennungen der Aussteller, die einführenden Bemerkungen am Beginn des Kontextes (Arenga), die Erzählungen der Sachverhalte (Narratio) und die eigentliche Fixierung der Rechtsgeschäfte in der Dispositio Informationen bereit halten, die auch über die unmittelbar und direkt zu fixierenden Tatbestände hinaus erheblich sind. Fragen der Mentalität, der Selbst-Repräsentation oder der Rechtsgeschichte lassen sich aus der genauen Analyse formelhafter Teile der Urkundentexte heraus beantworten. Auf diesem Gebiet ist – insbesondere was eine noch zu entwickelnde »Kontext-Diplomatik« angeht – noch vieles zu leisten.

6.1 | Innere Merkmale von Königsurkunden

Mittelalterliche Kaiser- oder Königsurkunden enthalten eine kaum veränderte, wenngleich sowohl in der Reihung der einzelnen Bestandteile wie auch in ihrer Vollständigkeit unterschiedliche Aufeinanderfolge folgender Bestandteile, die hier in der üblichen Reihenfolge erläutert wird:

Protokoll
- **Invocatio:** Mit Hilfe eines Symbols (symbolische Invocatio, → Kapitel 5) oder in Worten wird der Name Gottes, zumeist unter Nennung der Dreieinigkeit, angerufen und damit der folgende Urkundeninhalt auf ihn und sein Wirken zurückgeführt.
- **Intitulatio:** Der Aussteller der Urkunde nennt sich mit Namen und Titel, sehr häufig um eine **Devotionsformel** (auch: Dei-gratia-Formel) ergänzt, durch die er die Herleitung seiner Herrschaft von der Gnade Gottes ausdrücklich hervorhebt.
- **Inscriptio:** Der Empfänger der Urkunde wird, ebenfalls mit Namen und Titel genannt. – Dieser Bestandteil ist in Diplomen sehr selten, in Mandaten und Briefen die Regel.

Kontext
- **Arenga:** An dieser Stelle wird allgemein begründet, wieso der Aussteller Urkunden auszustellen pflegt, die den Zwecken der vorliegenden Verfügung dienen sollen. Dieser Teil einer Urkunde bezieht sich noch nicht auf den konkreten Fall, leitet aber auf ihn hin, insofern allgemeine Erwägungen darüber formuliert werden, wieso ein Rechtsgeschäft vom Typ des folgenden urkundlich zu fixieren ist. – Die Untersuchung verschiedener Arengentypen ist eine der erkenntnisreichsten Möglichkeiten für die Ermittlung des Selbstverständnisses der Aussteller.
- **Promulgatio oder Publicatio:** Die Verkündungsformel leitet den folgenden Inhalt ein und macht ihn öffentlich bekannt. – Die genaue Formulierung kann darauf hinweisen, ob Urkunden von Adressaten und Betroffenen angesehen, angehört, vorgelesen oder selbst gelesen worden sind. Dieser Bestandteil einer Urkunde erlaubt damit in gewisser Hinsicht Rückschlüsse auf das Verhältnis von Mündlichkeit und Schriftlichkeit im Urkundenwesen.
- **Narratio:** Die konkrete Vorgeschichte und Entwicklung des Rechtsgeschäftes der Urkunde wird hier, oftmals unter Nennung von weiteren Beteiligten und Betroffenen wiedergegeben. Genannt werden können an dieser Stelle auch **Petenten** als Interessenten in eigener Sache (**Petitio**) oder **Intervenienten** als Fürsprecher für Dritte.

- **Dispositio:** Im Kern der Urkunde steht das eigentliche Rechtsgeschäft, mitunter mit einer konkreten Begründung für seine Notwendigkeit, mit einer Beschreibung der betroffenen Personen, Güter und Rechte (**Enumeratio bonorum**). Die Güterumschreibung erfolgt in sog. **Pertinenzformeln** und enthält gelegentlich auch Beschreibungen des Besitzumfangs in Form von Grenzangaben, Nennungen von Gauen und anderen Verwaltungseinheiten.
- **Sanctio:** Dem Zuwiderhandelnden werden Strafen geistlicher oder weltlicher Natur angedroht (Exkommunikation, Verfluchungen, Huldentzug, Strafzahlungen).
- **Corroboratio:** Die in der Urkunde tatsächlich verwendeten Beglaubigungsmittel werden genannt (insbesondere Besiegelung und Zeugen, ggf. aber auch Unterschrift).

Eschatokoll
- **Signumzeile:** Das **Monogramm** und die grundsätzlich als Unterschrift gedachte, seit karolingischer Zeit aber nicht mehr eigenhändig geschriebene nochmalige Nennung des Ausstellers von der Hand eines Kanzleiangehörigen sind Bestandteil der Beglaubigung. Eigenhändig ist allenfalls der herrscherliche **Vollziehungsstrich** innerhalb des Monogramms. – Signumzeile und Rekognitionszeile können in abweichender Schrift (**Elongata**) geschrieben werden und weichen damit graphisch deutlich sichtbar von ihrer Umgebung ab (→ Kapitel 5).

- **Rekognitionszeile:** Zumeist durch den Leiter der Kanzlei wird der Rechtsinhalt der Urkunde nochmals bestätigt; auch dies erfolgt seit spätkarolingischer Zeit nicht mehr eigenhändig, selbst wenn die Formulierung, meistens in der 1. Person Singular, dies vorauszusetzen scheint. – Zur Rekognitionszeile gehören das **Rekognitionszeichen** und ggf. andere Beizeichen (→ Kapitel 5).
- **Datierung:** Ort und Zeit der Handlung (**Actum**) werden genannt, unter Umständen auch Ort und Zeit der Ausstellung (**Datum**). Beide Zeitangaben erfolgen in der Regel nicht gemeinsam; auf wel-

chen der beiden Vorgänge sich die Zeitangabe bezieht, ist aufgrund der Formulierung zumeist nicht eindeutig zu bestimmen.
- **Apprecatio:** Die Urkunde wird mit der Anrufung Gottes beschlossen, wie sie mit ihr auch begonnen hatte. Gebetsförmig ist das letzte Wort der Herrscherurkunde bis in das 12. Jahrhundert ein »Amen«.

Die hier aufgeführten Bestandteile müssen nicht vollständig vorhanden sein und können in der Reihenfolge durchaus wechseln bzw. ineinander verschränkt sein. So finden sich etwa Bestandteile einer Narratio bisweilen innerhalb der Dispositio oder eine Arenga nach der Narratio statt vor ihr. Das muss nicht unbedingt, kann aber ein Zeichen für fehlende Kanzleimäßigkeit einer Herrscherurkunde sein und etwa auf eine **Empfängerausfertigung** hinweisen.
Seit salischer Zeit werden nach dem Kontext der Urkunden ggf. auch **Zeugen** der Handlung und/oder der Beurkundung genannt.

6.2 | Beispiel einer Königsurkunde: Otto II. für das Bistum Straßburg von 976

Mit der im Folgenden wiedergegebenen Urkunde überträgt Kaiser Otto II. 976 Juni 8 in Ingelheim dem Bistum Straßburg das Königsgut *Milcei*. Der Urkundentext folgt dem Druck in der maßgeblichen Edition (MGH DD O.II. 129), die Übersetzung ist in Kursive hinzugesetzt. Die Bestandteile der Urkunde werden in [...] bezeichnet. Der Deutlichkeit der Aufteilung wegen beginnt jeder Bestandteil der Urkunde nur im Folgenden mit einer neuen Zeile.

[Chrismon:] (C.)
[Hinweis auf den Beginn der Elongataschrift:] $\substack{x \\ x}$
[Invocatio:] In nomine sanctae et individuae trinitatis. *Im Namen der heiligen und unteilbaren Dreieinigkeit.*
[Intitulatio:] Otto divina favente clementia imperator augustus. *Otto, durch göttliche Milde begünstigter Kaiser, Augustus.*
[Arenga:] Si sacris et deo dicatis locis aliquod subsidium ex nostra largitate conferimus, [Hinweis auf das Ende der Elongataschrift:] $\substack{x \\ x}$ non

solum imperialem in hoc decenter exercemus dignitatem, verum etiam aeternae remunerationis proemia inde nobis liquido provenire confidimus. *Wenn wir den heiligen und Gott geweihten Orten eine Unterstützung aufgrund unserer Großzügigkeit übertragen, dann erweisen wir insoweit nicht nur angemessen die kaiserliche Gnade, sondern vertrauen auch darauf, dass uns daraus sicherlich Gaben ewiger Belohnung erwachsen.*

[Promulgatio:] Quapropter noverit omnium fidelium nostrorum presentium videlicet et futurorum industria, … *Deswegen soll die Klugheit aller unserer Getreuen, der jetzigen nämlich und der zukünftigen, wissen,* …

[Narratio:] quia Erchanbaldus sanctae Argentinensis aecclesie venerabilis episcopus nostram deprecatus est celsitudinem ut quendam fiscum nostrum nomine Milcei ad ecclesiam sanctae Marie in usus fratrum ibidem deo famulantium cum omnibus illuc pertinentibus pro remedio anime nostrae parentumque nostrorum iure perpetuo traderemus statimque nos postulationes illius saluberrimas agnoscentes decrevimus ita fieri. … *dass Erchanbald, der verehrungswürdige Bischof der heiligen Straßburger Kirche unsere Erhabenheit gebeten hat, dass wir ein Königsgut namens* Milcei *der Kirche der Heiligen Maria zum Nutzen der dort Gott dienenden Brüder mit allem Dazugehörigen zum Heil unserer Seele und der unserer Eltern zu ewigem Recht übertragen sollten, und wir haben sofort seine außerordentlich heilsamen Bitten anerkannt und beschlossen, dass es so geschehen solle.*

[Dispositio:] Concessimus itaque ad suprafatam aecclesiam fiscum nostrum prenominatum Milcei cum omnibus eo iuste et legitime aspicientibus et capellam unam cum omni declinatione ciusdem terre, aedificiis mancipiis utriusque sexus terris agris vineis campis pratis pascuis silvis aquis aquarumque decursibus cultis et incultis exitibus et reditibus viis et inviis mobilibus et immobilibus, ea videlicet ratione ut deinceps ad luminaria facienda et usus fratrum ibi deo famulantium iure pertineat perpetuo nullusque episcopus qui pro tempore constitutus ibi fuerit potestatem habeat aliene quelibet persone illud in beneficium dare seu aliquid eis inde subtrahere, sed liceat eis easdem res secundum propriam voluntatem et utilitatem regere ordinare et disponere, quatinus devotius pro nostra salute dei clementiam exorare valeant. *Wir haben also der vorgenannten Kirche unser vorgenanntes* Königsgut Milcei *mit allen, was von Recht und Gesetzes wegen dazugehört, und eine Kapelle mit allem Zehntrecht dieses Landes, mit Gebäuden, mit Hörigen beiderlei Geschlechts, mit Länderreien, Äckern, Weinbergen, Feldern, Wiesen, Weiden, Wäldern, Wassern und Wasserläufen, mit Bebautem und Unbebautem, mit Eingängen und Erträgen, Wegen und umwegsamem Gelände, mit Mobilien und Immobilien unter der Bedingung übertragen, dass dies von nun an zur Beleuchtung und zum Nutzen der dort Gott dienenden Brüder zu ewigem Recht gehören solle und dass kein Bischof, der dort jeweils amtieren wird, die Macht haben solle, dies irgendeiner fremden Person zu Lehen zu geben oder irgendetwas davon ihnen zu entziehen, sondern es soll ihnen erlaubt sein, diese Dinge nach freiem Willen und zu ihrem Nutzen zu lenken, zu ordnen und über sie zu entscheiden, damit sie umso ergebener für unser Seelenheil die Milde Gottes erflehen mögen.*

[Corroboratio:] Ut autem haec auctoritas largitionis nostrae pleniorem in dei nomine obtineat firmitatem et per futura tempora ab omnibus diligentius observetur, hoc idem preceptum nostra iussione conscriptum propria manu nostra subter affirmavimus et sigilli nostri impressione assignari precepimus. *Damit aber diese Verleihung aus unserer Großzügigkeit in Gottes Namen größere Festigkeit besitze und in künftigen Zeiten von allen sorgfältiger eingehalten werde, haben wir diese Urkunde auf unseren Befehl schreiben lassen und sie unten mit eigener Hand bekräftigt und mit dem Abdruck unseres Siegels besiegeln lassen.*

[Signumzeile:] Signum domini Ottonis [Monogramm] imperatoris augusti. *Zeichen des Herrn Otto, des Kaisers, Augustus.*

[Rekognitionszeile:] Folchmarus cancellarius advicem Uuilligisi archicapellani recognovi. [Siegel] [Rekognitionszeichen] *Ich, Kanzler Folkmar, habe es in Vertretung des Erzkapellans Willigis anerkannt.*

[Datierung:] Data VI. id. iunii anno dominice incarnationis DCCCCLXXIIII, anno regni domni Ottonis XV, imperii VIII; actum Ingilenheim; ... *Gegeben am sechsten Tag vor den Iden im Jahre der Fleischwerdung des Herrn 974 (!), im 15. Jahr der Königsherrschaft des Herrn Otto, im 8. der Kaiserherrschaft; verhandelt in Ingelheim.*

[Apprecatio:] in domino feliciter amen. *Glücklich im Herrn, Amen.*

6.3 | Innere Merkmale von Papsturkunden

Im Großen und Ganzen entspricht die Einteilung der Papsturkunden in einzelne Bestandteile derjenigen der Königsurkunden. Jedoch weisen Papsturkunden in bestimmter Hinsicht kennzeichnende Abweichungen auf, die aus der Selbstauffassung des Papsttums als einer allen anderen geistlichen und weltlichen Gewalten übergeordneten Macht erwachsen sind. Im Einzelnen enthalten Papsturkunden folgende Bestandteile, ggf. auch in Auswahl, die hier nur insoweit erläutert werden, als sie von den gleichnamigen Bestandteilen der Königsurkunden abweichende Inhalte haben oder in Königsurkunden gänzlich unbekannt sind:

Protokoll
- **Intitulatio**
- **Inscriptio**: Anders als bei Königsurkunden ist die Nennung des Empfängers (zumeist mit Name, Titel und Ort bzw. Diözese) in Papsturkunden unerlässlich. Sie erfolgt im Allgemeinen im Dativ.
- **Salutatio (Grußformel)** oder **Verewigungsformel**: In päpstlichen Litterae und Breven wird das Protokoll durch eine Grußformel abgeschlossen (*salutem et apostolicam benedictionem* = »Gruß und apostolischen Segen«), in den Privilegien und Bullen durch eine Verewigungsformel (*in perpetuum* = »in Ewigkeit«; bei Bullen ad perpetuam rei memoriam = »zur dauerhaften Erinnerung an die Sache«). Die Verwendung einer dieser beiden Formeln kann für die Typbestimmung einer Papsturkunde ausschlaggebend sein.

Kontext
- **Arenga**
- **Narratio**
- **Petitio**: Anders als bei Königsurkunden folgt der Darlegung der Vorgeschichte einer Beurkundung zwingend die Bitte des Empfängers um die Beurkundung.
- **Dispositio**
- **Non-Obstantien**: Angesichts der kaum überschaubaren Vielzahl von Beurkundungen durch die päpstliche Kanzlei wird in diesem

Formularteil festgehalten, dass alle bisherigen Rechtsverleihungen der nun vorgenommenen Entscheidung nicht mehr entgegenstehen *(non obstare)* dürfen.
- Sanctio
- Bei feierlichen Privilegien wird der Kontext durch ein dreifaches *Amen* abgeschlossen.

Eschatokoll
- **Rota, Monogramm, Komma:** Im Laufe des Mittelalters entwickelten sich für die Papsturkunden typische graphische Zeichen. Die Rota enthält seit Paschalis II. die Namen der Apostelfürsten und des Papstes sowie dessen Devise. Das Monogramm verschlüsselt den päpstlichen Segenswunsch BENE VALETE. Das Komma tritt lediglich im Laufe des 11. Jahrhunderts (Leo IX. bis 1092) rechts neben diese beiden Symbole.
- **Unterschriften:** Der Papst und – häufiger seit Paschalis II. (1099–1118) – auch die Kardinäle unterschreiben päpstliche Privilegien eigenhändig, die Kardinäle zumeist in drei Spalten (Kardinalpriester links, Kardinalbischöfe in der Mitte, Kardinaldiakone rechts).
- **Datierung:** Lediglich die feierlichen Privilegien kennen die sog. **Große Datierung** einschließlich der Nennung eines Datars aus der päpstlichen Kanzlei sowie der Anführung von Indiktion und Inkarnationsjahr. Alle anderen Papsturkunden weisen die **Kleine Datierung** auf, in der diese Elemente fehlen und ab 1187 lediglich Ort, Tag und Pontifikatsjahr genannt werden.

6.4 | Beispiel einer Papsturkunde: Papst Innozenz II. für das Kloster Walkenried 1138

Mit der im Folgenden wiedergegebenen Urkunde, einem feierlichen Privileg, bestätigt Papst Innozenz II. 1138 Januar 13 in Rom das Zisterzienserkloster Walkenried, dessen Besitz und einen erfolgten Besitztausch. Der Urkundentext folgt dem Druck in der maßgeblichen Edition (Urkundenbuch des Klosters Walkenried, bearb. von Josef Dolle, Bd. 1,

Hannover 2002, S. 57f. Nr. 9). – Zur Einrichtung der Textwiedergabe
→ Kapitel 6.2, Textauslassungen sind in *[...]* gekennzeichnet.

[Hinweis auf den Beginn der Elongataschrift:] $\overset{x}{\underset{x}{}}$
[Intitulatio:] Innocentius episcopus servus servorum dei *Innozenz, Bischof, Knecht der Knechte Gottes*
[Inscriptio:] Henrico abbati monasterii beate Marie de Walkenreth eiusque successoribus regulariter substituendis *Heinrich, dem Abt des Klosters der Heiligen Maria in Walkenried, und seinen Nachfolger, die ihm regelgerecht folgen*
[Verewigungsformel:] in perpetuum. *in Ewigkeit.*
[Arenga:] Ad hoc in apostolice sedis cathedra a domino constituti esse conspicimur, ut religiosas personas et loca eorum regimini commissa paternis affectibus diligamus, et ne pravorum hominum molestiis deprimantur, sub apostolice sedis patrocinio confovere curemus. *Dazu sind wir, wie man sieht, auf dem Thron des apostolischen Stuhls vom Herrn eingesetzt, dass wir religiöse Personen und die Stätten, die ihrer Leitung übertragen worden sind, mit väterlicher Zuneigung lieben sollen und, damit sie nicht durch die Bedrängungen böser Menschen niedergedrückt werden, dafür sorgen sollen, sie mit dem Schutz des apostolischen Stuhls zu begünstigen.*
[Dispositio unter Einschluß der Petitio:] Eapropter dilecte in domino fili Henrice abbas tuis rationabilibus postulationibus clementer annuimus et monasterium de Walkenreth, cui auctore deo presides, apostolice sedis privilegio communimus. Per presentis igitur scripti paginam confirmamus tibi tuisque successoribus et per vos prefato cenobio quascumque possessiones, quecumque bona inpresentiarum iuste et canonice possidetis aut quecumque in futurum concessione pontificum, liberalitate regum vel principum, oblatione fidelium seu aliis iustis modis prestante domino poteritis adipisci, firma vobis in perpetuum et illibata consistant. *[Es folgen – hier ausgelassen – eine Besitzliste und die Details des Besitztauschs.]* Decernimus ergo, ut nulli omnino hominum liceat prenominatum cenobium temere perturbare aut eius possessiones auferre vel ablatas retinere, minuere aut aliquibus vexationibus fatigare, sed omnia integre conserventur eorum, pro quorum gubernatione et sustentatione concessa sunt, usibus omnimodis profutura, salva

nimirum dyocesani episcopi debita reverentia. *Deswegen, im Herrn geliebter Sohn Abt Heinrich, haben wir deinen vernünftigen Forderungen huldvoll entsprochen und das Kloster Walkenried, dem du durch Gottes Willen vorstehst, mit einem Privileg des Heiligen Stuhls bestätigt. Durch diese vorliegende Urkunde bestätigen wir also dir und deinen Nachfolgern und durch euch dem vorgenannten Kloster, dass alle Besitzungen, die ihr gegenwärtig berechtigterweise und kanonisch besitzt oder die ihr in Zukunft durch die Übertragung von Bischöfen, durch die Freigebigkeit von Königen und Fürsten, durch die Stiftung von Gläubigen oder auf andere rechtmäßige Arten mit Gottes Hilfe werdet erwerben können, euch fest auf ewig und unangetastet verbleiben sollen. (…) Wir entscheiden also, dass es überhaupt keinem Menschen erlaubt sein soll, das vorgenannte Kloster vorsätzlich zu beeinträchtigen oder seine Besitzungen zu entfremden oder entfremdete zurückzuhalten, zu beeinträchtigen oder es mit irgendwelchen Quälereien zu schwächen, sondern es sollen alle Besitzungen denen vollständig bewahrt bleiben, für deren Erhalt und Lebensunterhalt sie gegeben worden sind und sie sollen allen Gebräuchen nützlich sein, vorbehaltlich allerdings der gebotenen Ehrerbietung gegenüber dem Diözesanbischof.*

[Sanctio:] Si qua igitur in futurum ecclesiastica secularisve persona hanc nostre constitutionis paginam sciens contra eam temere venire temptaverit, secundo tertiove commonita, si non congrue satisfecerit, potestatis honorisque sui dignitate careat reamque se divino iudicio esse de perpetrata iniquitate cognoscat et a sacratissimo corpore ac sanguine dei et domini redemptoris nostri Ihesu Christi aliena fiat atque in extremo examine districte ultioni subiaceat. Cunctis autem eidem loco sua iura servantibus sit pax domini nostri Ihesu Christi, quatenus et hic fructum bone actionis percipiant et apud districtum iudicem premia eterne pacis inveniant. Amen. Amen. Amen. *Wenn also in Zukunft irgendeine kirchliche oder weltliche Person, die diese Urkunde mit unserer Anordnung kennt, gegen sie vorsätzlich vorzugehen planen sollte, soll sie, nachdem sie ein zweites und ein drittes Mal ermahnt worden sein wird, wenn sie nicht angemessene Entschädigung leistet, die Würde ihrer Macht und Ehre verlieren und sie soll wissen, dass sie als Schuldige sich wegen der begangenen Böswilligkeit dem göttlichen Gericht stellen muss und vom allerheiligsten Körper und Blut Gottes und unseres Herrn Erlösers Jesu Christi ausgeschlos-*

sen werde und beim Jüngsten Gericht der scharfen Bestrafung unterliege. Allen aber, die diesem Ort seine Rechte bewahren, sei der Frieden unseres Herrn Jesu Christi, und dass sie schon hier die Frucht der guten Tat empfangen und beim Jüngsten Gericht die Belohnungen des ewigen Friedens erlangen mögen. Amen. Amen. Amen.
[Rota] [Unterschrift des Papstes:] Ego Innocentius catholice ecclesie episcopus subscripsi. [Benevalete] *Ich, Innozenz, Bischof der katholischen Kirche, habe unterschrieben.*
[Unterschriften der Kardinäle:] † Ego Petrus cardinalis presbyter tituli Susanne subscripsi. *[Es folgen im Original in je eigenen Zeilen vier weitere Kardinalsunterschriften.] Ich, Petrus, Kardinalpriester der Titelkirche S. Susanna, habe unterschrieben.*
[Große Datierung:] Data Rome per manum Almerici sancte Romane ecclesie diaconi cardinalis et cancellarii, idibus ianuarii, indictione I^{ma}, incarnationis dominice anno M°C°XXX°V.II., pontificatus domni Innocentii pape II. anno VIII. *Gegeben in Rom von der Hand Aimerichs, Kardinaldiakons der Heiligen Römischen Kirche und Kanzlers, an den Iden des Januar, in der ersten Indiktion, im 1137. (!) Jahre der Fleischwerdung des Herrn, im 8. Jahr des Pontifikats des Herrn Papsts Innozenz' II.*

6.5 | Innere Merkmale von Privaturkunden

Die Merkmale der meisten Privaturkunden des hohen Mittelalters bilden sich in enger Orientierung an Königs- bzw. Papsturkunden heraus. Weltliche wie geistliche Aussteller unterhalb der Könige bzw. Päpste beginnen im nordalpinen Europa überwiegend frühestens im Laufe des 9. Jahrhunderts, eigene Urkunden auszustellen. Dabei gilt als Faustregel, dass die Urkundenausstellung innerhalb der mittelalterlichen Stände zunächst bei den Geistlichen beginnt und dort mit Erzbischöfen und Bischöfen einsetzt. Wenig später setzt in größerem Umfang auch die Ausstellung und Überlieferung weltlicher Privaturkunden ein, wiederum an der Spitze mit den Herzögen beginnend. Im Laufe des ausgehenden 12. und beginnenden 13. Jahrhunderts und in unmittelbarem zeitlichem Zusammenhang mit der Entstehung der Städte kommen im Reichsgebiet städtische Urkunden als dritte große Gruppe der Privaturkunden hinzu. Eine Sonderstellung nehmen die Urkunden öffentlicher Notare (**Notariatsinstrumente**) ein, deren Verbreitung in Deutschland von Südwesten her um die Mitte des 13. Jahrhunderts in größerer Anzahl nachweisbar ist und die – im Unterschied zu den sonstigen Gruppen von Privaturkunden – formal völlig eigenständig sind.

- Die Beeinflussung der Privaturkunden durch Herrscher- und Papsturkunden im Einzelnen nachzuweisen und zu verfolgen, ist eine Aufgabe der spezialdiplomatischen Forschung, insbesondere der Kanzleigeschichte fürstlicher Aussteller. Soweit solche Arbeiten bereits vorliegen, kann man folgende generelle Folgerungen aus ihnen ableiten:
- Die Beeinflussung weltlicher Privaturkunden durch die Herrscherurkunde als Vorbild sowie geistlicher Privaturkunden durch die Papsturkunde dürfte den Regelfall darstellen, jedoch sind in Einzelfällen auch Berührungspunkte zwischen geistlichen Privaturkunden und Herrscherurkunden (zunächst besonders hinsichtlich des Urkundenlayouts) oder zwischen weltlichen Privaturkunden und Papsturkunden (besonders hinsichtlich der rechtsrelevanten Urkundenformeln) nachweisbar.
- Die Vermittlung dieser Einflüsse scheint vor allem auf zwei Wegen erfolgt zu sein: durch das Personal der Kanzleien und dessen nicht seltenen Austausch untereinander sowie durch die sorgfältige Lektüre der Urkundentexte, gelegentlich auch der Formulare.
- Zeitlich gesehen, stellen das 10./11. Jahrhundert für das Aufkommen geistlicher und weltlicher Siegelurkunden nach dem Vorbild der Kaiser- und Papsturkunden sowie dann nochmals das 13. Jahrhundert für die Übernahme vor allem rechtlich einschlägiger Urkundenformeln aus Papsturkunden einerseits in die Herrscherurkunden, andererseits in die Privaturkunden den Schwerpunkt der gegenseitigen Beeinflussung dar.

6.5 | Der Sonderfall der Notariatsinstrumente

Aufgrund einer kaiserlichen oder päpstlichen Autorisierung konnten öffentliche Notare Urkunden ausstellen, deren Beweiskraft einer Kaiser- oder Papsturkunden gleichgesetzt wurde. Diese Urkunden werden als **Notariatsinstrumente** (instrumenta publica) bezeichnet. Ihre Glaubwürdigkeit war jedoch nur dann gegeben, wenn sie vom ausstellenden Notar unter Beachtung sehr stark reglementierter Formen geschrieben sowie eigenhändig und mit einem nur diesem Notar persönlich zuzuordnenden graphischen Symbol (**Notarssignet**) gekennzeichnet waren.

Im äußersten Südwesten des Römisch-Deutschen Reiches sind die ersten öffentlichen Notare und ihre Instrumente in den dreißiger Jahren des 13. Jahrhunderts nachzuweisen. Dorthin wurden die Institution als solche und die Formen der Instrumente über Frankreich als Vermittlungsgebiet aus dem wesentlich älteren Notariatswesen Italiens übernommen, das seinerseits auf das Frühmittelalter zurückgeht. Innerhalb Deutschlands verbreitete sich das öffentliche Notariat, insbesondere in engem Zusammenhang mit erzbischöflichem und bischöflichem Urkunden- und Gerichtswesen, bis etwa 1380 nahezu über das gesamte Reich mit Ausnahme des äußersten Ostens. Im nichtkirchlichen Bereich erfolgte die Rezeption etwas verzögert. Durch die Reichskammergerichtsordnung von 1495 wurden die öffentlichen Notare zu Hilfsorganen der weltlichen Gerichtsbarkeit erhoben. Eine Reichsnotariatsordnung des Jahres 1512 regelte ihre Rechtsstellung und die Beurkundungspraxis.

Notariatsinstrumente sind im kirchlichen Gerichtswesen, im Laufe des 14. Jahrhunderts zunehmend auch für privatrechtliche Verfügungen Einzelner benutzt worden. Sie stellten neben der Beurkundung in Stadtbüchern die wesentliche Möglichkeit für Private dar, ohne eigene Urkundenausstellung Rechtsgeschäfte in kaum angreifbarer Rechtsqualität beurkunden lassen zu können.

Das Formular der nahezu ausschließlich lateinisch abgefassten Notariatsurkunden war genau festgelegt und blieb im Laufe des Mittelalters weitgehend ungewandelt erhalten. Es enthält folgende Elemente:

- **Invocatio**,
- **Datierung**: mit Inkarnationsjahr, Indiktionsangabe, Tagesangabe und präziser Ortsangabe (bis hin zum Gebäude bzw. dem Raum, in dem das Rechtsgeschäft erfolgt war),
- Nennung der am Rechtsgeschäft beteiligten Personen, insbesondere des Auftraggebers des Notars,
- **Dispositio**,
- **Beurkundungswunsch** des Auftraggebers und Selbstnennung des Notars als des Ausstellers des Instruments,
- **Actum-Vermerk** mit Orts- und Zeugennennung,
- eigentlicher **Notarvermerk**, in dem der Notar die Ausstellung des Instruments nochmals bestätigt, sowie
- **Notarssignet**, zumeist links vom Notarsvermerk.
- Notariatsinstrumente blieben im Allgemeinen ohne Siegel, wenngleich auch besiegelte Stücke überliefert sind.

Die Urkundensprache:
Vom Latein zu den Volkssprachen

7.1 | Das sprachliche Erbe der Antike

Über das Ende der Spätantike hinaus war im abendländischen Europa Latein die Sprache der Gebildeten und die einzige verbreitete Schriftsprache überhaupt geblieben. Freilich hatte die Verbreitung allgemeiner Schriftlichkeit seit dem 5. Jahrhundert im nordalpinen Raum erheblich abgenommen. Mit dem Rückzug der römischen Provinzialverwaltung aus der Fläche und der zunehmenden Reduzierung ihrer Präsenz auf wenige Verwaltungsmittelpunkte hatte die staatlich begründete Verwendung der Schrift an Bedeutung verloren. Städtische Verwaltungsaufzeichnungen der Spätantike, etwa die Gesta municipalia, sind dennoch einer der wenigen Bereiche nachweisbarer Kontinuität der Verwendung des Lateins als Urkundensprache überhaupt.

Alternativen zum Latein scheint es im Bereich des späteren Westeuropa nicht gegeben zu haben. Selbst die frühen germanischen Herrschaftsbildungen auf dem Gebiet des Römischen Reiches, etwa das Reich der Goten, nutzten keine andere Schriftsprache für rechtliche und Verwaltungsangelegenheiten als das Latein. Dahinter steht zwar eine bisweilen ausgeprägte Vielsprachigkeit, aber sie schlägt sich in Urkundentexten nicht und in literarischen Texten kaum nieder. Ausnahmen sind lediglich die Übernahme einzelner, für nicht übersetzbar gehaltener Vokabeln der germanischen Rechtswirklichkeit in die lateinische Sprache sowie bisweilen volkssprachige Unterschriften unter ansonsten lateinischsprachigen Urkunden.

Die offenkundige Erfolglosigkeit der Volkssprachen als Urkundensprachen weist auf den engen Zusammenhang auch des spätantik-frühmittelalterlichen Urkundenwesens mit dem Rechtsleben hin. Kontinuität des Römischen Rechts, seiner Träger (in Gestalt von Notaren oder Schreibern) und ggf. auch seiner Inhalte sichert die Kontinuität auch der Sprache dieses Rechts. Allein dort, wo das Römische Recht in der Spätantike nicht bekannt war oder jedenfalls nicht genutzt wurde, hatten Volkssprachen die Chance, umgehend zu Urkundensprachen aufzusteigen. Das bekannteste Beispiel für diese Beobachtung ist das angelsächsische England, dessen Urkunden zu erheblichen Anteilen bereits im Frühmittelalter in angelsächsischer bzw. altenglischer Sprache niedergeschrieben wurden.

In nahezu allen übrigen Gebieten des ehemaligen Römischen Reiches und seiner germanischen Nachfolgereiche übernahm im Wesentlichen die christliche Kirche mit den Bistümern als Herrschaftsorganisation und den Bischofssitzen als Zentren einer kirchlichen wie auch weltlichen Verwaltung die Rolle der Kontinuitätssicherung. Insbesondere als Sprache der Bibel und der Liturgie hatte das Latein eine unanfechtbare Stellung in der Kirche des Westens. Ob in der apostolischen Sukzession Unterbrechungen eintraten oder nicht, in den Bistümern blieb auch die Rechts-, Verwaltungs- und Urkundensprache über die Zeit der sog. Völkerwanderung hinweg das Lateinische.

Kaum zu verallgemeinern ist der Einfluß vulgärlateinischer Neubildungen auf das Latein als Urkundensprache. Die offenkundige Weiterentwicklung des gesprochenen Latein in Richtung auf die später daraus entstehenden romanischen Volkssprachen hinterließ bereits im Frühmittelalter auch Spuren im geschriebenen Latein. In der Literatur, in der Historiographie, besonders aber auch in rechtlichen Aufzeichnungen finden sich zunehmend Abweichungen vom schriftsprachlichen Standard des spätantiken Lateins. Oftmals stark wertend als Anzeichen der »Barbarisierung« oder »Verwilderung« bezeichnet, sind diese Einflüsse eher als Hinweise auf fortschreitenden Sprachwandel anzusehen, dessen Spuren freilich nur in ausgesprochen ausgedünnter Form auch im Urkundenwesen nachzuweisen sind.

7.2 | Die Dominanz des Latein im frühen und hohen Mittelalter

Das mittelalterliche Latein war »*die Sprache aller Gebildeten der abendländischen Welt, die Sprache der Schule und der Wissenschaft, des Rechts, der Verwaltung und Diplomatie, insbesondere aber der Kirche.*« Es »*wurde auch gesprochen und war insoweit eine lebende Sprache.*« (FRANZ BRUNHÖLZL) Latein als Urkundensprache steht folglich in einem großen, ebenso geistesgeschichtlichen wie lebenspraktischen Zusammenhang, aus dem es nicht zu lösen ist. Urkunden blieben im frühen und hohen Mittelalter in weiten Bereichen Europas Zeugnisse elitärer Schriftlichkeit. Ihre Sprache entstammte dem Milieu derer, die die Urkunden aufsetzten, nicht aber dem Milieu derer, deren Rechtsangelegenheiten in diesen Urkunden einwandfrei und eindeutig niedergelegt werden sollten. Urkunden wurden nördlich der Alpen nur von wenigen geschrieben, gelesen und verstanden. Auch wenn das Latein über weite Teile Europas und in seiner Bildungselite als Lingua franca ebenso geschrieben wie gesprochen wurde, behielt es als Urkundensprache konservative Züge. Zeichen des Sprachwandels schlugen sich im Urkundenlatein nur mit erheblicher Verspätung oder als deutlich sichtbare Einsprengsel im Sinne von erklärenden bzw. übersetzenden Fremdbegriffen nieder.

Die Dominanz des Lateins als Urkundensprache des frühen und hohen Mittelalters lässt sich mit drei Hinweisen begründen: Latein blieb die unangefochtene Sprache der Kirche, es blieb die Sprache des Römischen Rechts, und es blieb die allenthalben vermittelte Sprache der Schule und der Bildung, vom elementaren Niveau bis zur höchsten Bildung überhaupt. In allen Bereichen bedeutete dies, dass sich das früh- und hochmittelalterliche Latein an Normen der Spätantike orientierte. Normgebend waren und blieben die Bibelübersetzung des Kirchenvaters HIERONYMUS († 419/420), die Rechtssprache des *Codex Iustinianus* Kaiser JUSTINIANS I. (527–565) und die allgemein verbreitete Schulgrammatik des DONATUS AELIUS (Mitte 4. Jh.).

Auch in Urkunden bedienten sich die Diktatoren und Notare rhetorischer Mittel der Sprachgestaltung im Lateinischen. Hervorzuheben ist hierbei die Verwendung des **Cursus**, eines Prosarhythmus, mit Hilfe dessen insbesondere die Satzschlüsse im Lateinischen akzentuiert wurden. Insbesondere in der päpstlichen Kanzlei seit der zweiten Hälfte des 11. Jahrhunderts und bis etwa 1450 wird diese Form der rhetorischen Rhythmisierung so häufig verwendet, dass ihr Fehlen in Papsturkunden auffallen muss und unter Umständen geradezu als Indiz für Fälschungen gewertet werden kann.

7.3 | Sprachliche Eigenheiten der Urkundensprache

Bisher sind Volkssprachen als Urkundensprachen kaum systematisch sprachwissenschaftlich untersucht worden. Dies gilt zumal für das Deutsche, das sich angesichts der großen regionalen Unterschiede einer generell ansetzenden Untersuchung ohnehin weitgehend entzieht. Die germanistische Forschung hat in den vergangenen Jahrzehnten überkommene Vorstellungen von Kanzleien als Motoren schriftsprachlicher Vereinheitlichung in großen regionalen Räumen sehr stark relativieren müssen. Die Untersuchung einer Reihe einzelner Kanzleien hat den Blick für die erheblichen Unterschiede etwa im Graphemsystem (»Schreibweisen«) geöffnet. Unter diesen Umständen sind allgemeine Aussagen zu sprachlichen Eigenheiten des Deutschen als Urkundensprache nur auf einer Ebene verhältnismäßig hoher Abstraktion zu verantworten.

Zu nennen ist als erstes und wichtigstes Problem der frühen deutschsprachigen Urkunden die notwendige Entwicklung einer urkundentypischen Begrifflichkeit. Vergegenwärtigt man sich, dass die ersten volkssprachigen Urkunden parallel zum Ende der klassischen mittelhochdeutschen Periode geschrieben werden, dann wird das Ausmaß der notwendigen Begriffsbildungen deutlich werden: Die im Wesentlichen an literarischen Texten gewachsene Sprache des Mittelhochdeutschen hat zu diesem Zeitpunkt keinerlei fachsprachliche Sonderbildungen des Vokabulars erlebt und kennt kaum jenen Typ des syntaktisch komplizierten Satzbaus, der den Urkunden des Mittelalters seit jeher eigen war. Die Herkunft der lateinischen Urkundensprache aus dem Rechtswesen überschreitet die sprachliche Leistungsfähigkeit des Mittelhochdeutschen bei weitem.

In den Jahrzehnten zwischen etwa 1250 und 1350 findet deshalb eine umfangreiche Erweiterung zunächst der Lexik statt: Begriffneubildungen, Lehnübersetzungen aus dem Lateinischen, paraphrasierende Umschreibungen lateinischer Fachbegriffe gewinnen im Mittelhochdeutschen an Raum. Das *Wörterbuch der mittelhochdeutschen Urkundensprache* (1994 ff.) erschließt diesen sprachlichen Vorgang auf der Basis der Belege bis zum Jahre 1300.

Beispielhaft sei auf einen Bereich verwiesen, der besonderer Präzision der Begrifflichkeit bedurfte: die Amts- und Standesbezeichnungen der mittelalterlichen Urkundenaussteller bzw. -empfänger. So eindeutig Entsprechungen wie mhd. künec, fnhd. könig/künig = nhd. »König« sind und so wenig hier Bedarf an urkundensprachlicher Neubildung bestand, so sehr wird dies an der Beispielreihe mhd. grave/graf, fnhd. graf = nhd. »Graf« deutlich. Zur Präzisierung dieses, in der spätmittelalterlichen Verfassungswirklichkeit durchaus vielgestaltigen Begriffes waren unterschiedliche Präfixe vonnöten, die den Grafen vom Markgrafen, Pfalzgrafen, späterhin vom Hofpfalzgrafen u. a. unterscheiden konnten. Diese verfassungsrechtlich präzisen Begriffe mussten in der mittelhochdeutschen Literatursprache nur ausgesprochen selten verwendet werden, wurden in den Rechtstexten seit dem *Sachsenspiegel* des EIKE VON REPGOW (um 1225?) und in den annähernd gleichzeitig aufkommenden Urkunden jedoch dringend benötigt.

7.4 | Das Aufkommen der Volkssprachen als Urkundensprachen

In Konkurrenz zum Lateinischen erschienen die Volkssprachen Europas erst spät als Urkundensprachen. In den letzten Jahrzehnten des 12. Jahrhunderts werden zunächst in Italien in Kastilien und León, bald nach 1200 in Flandern und Nordfrankreich sowie in Lothringen und im zweiten Drittel des 13. Jahrhunderts dann auf breiter Front nahezu überall, in Deutschland, in West- sowie in Südeuropa volkssprachige Urkunden aufgesetzt.

Im deutschsprachigen Bereich wurde erstmals 1235 eine Herrscherurkunde in deutscher Sprache ausgestellt: der Mainzer Reichslandfrieden Kaiser Friedrichs II. Mit ihm setzt eine langsam zunehmende

Überlieferung deutschsprachiger Urkunden ein, die im Laufe des 13. Jahrhunderts insgesamt aber noch weit unter ein Zehntel der überhaupt überlieferten Urkundentexte ausmacht. Bis 1250 ist die Zahl der überlieferten deutschsprachigen Urkunden kaum nennenswert. Erst im letzten Drittel des 13. Jahrhunderts nimmt sie signifikant zu, ohne allerdings die Zahl der gleichzeitig auf Latein verfassten Urkunden auch nur annähernd erreichen zu können. Die wesentliche Übergangszeit vom Lateinischen zum Deutschen als Urkundensprache sind die erste Hälfte und die Mitte des 14. Jahrhunderts. Auch wenn flächendeckende und vergleichende Untersuchungen dieser Übergangsperiode noch ausstehen, kann man aufgrund von Einzeluntersuchungen begründet vermuten, wie dieser Übergang zum Deutschen als Urkundensprache vonstatten gegangen sein dürfte:

- geographisch im Süden beginnend und im Nordosten endend,
- zeitlich im Süden ansetzend und im Norden, etwa entlang der Elbe auslaufend, wobei einzelne Gebiete nördlich und östlich der Elbe in der urkundlichen Überlieferung so spät auftauchen, dass hier die Phase lateinischsprachiger Urkunden kaum zu beobachten ist,
- zögerlich bei geistlichen, eher beschleunigt bei weltlichen Urkundenausstellern,
- hierarchisch gesehen, am schnellsten in den unteren Hierarchieebenen geistlicher wie weltlicher Aussteller (Pfarrer vor Bischöfen, Niederadlige vor Herzögen),
- offenkundig in den inneren Angelegenheiten der Städte schneller als in ihren Außenbeziehungen.

Hinzu kommt eine Eigenheit der Urkundensprachen, die sich gerade auch an den verschiedenen Formen des Deutschen in Urkunden nachweisen lässt: die Orientierung der jeweils verwendeten Sprache an den Bedürfnissen, genauer: an der Sprachkompetenz des Adressaten. Extrem ist dieser Versuch in der Entwicklung des Mittelniederdeutschen als Sprache der Hanse nachweisbar. Bei allen Abweichungen der schriftsprachlichen Normierung dieser Sprache ist im gesamthansischen Bereich – also mindestens zwischen Flandern und dem Baltikum – der

Versuch spürbar, eine allgemein verständliche Form des Mittelniederdeutschen als Korrespondenz- und als Urkundensprache durchzusetzen, die von den regionalen Entwicklungen der Sprache – zwischen dem Mittelniederländischen und den im Baltikum sich entwickelnden Sonderformen des Deutschen – weitgehend abgekoppelt wurde. Als diese Standardsprache des hansischen Raumes fungierte etwa seit der Mitte des 14. Jahrhunderts diejenige Form des Mittelniederdeutschen, die in der Lübecker Kanzlei geschrieben wurde.

Auf der Ebene der Herrscherurkunden ist nach dem vereinzelt dastehenden Zeugnis des Mainzer Reichslandfriedens von 1235 auf drei Entwicklungsschübe hinzuweisen: In den Regierungszeiten König Rudolfs von Habsburg (1273–1291) und Kaiser Ludwigs IV. »des Bayern« (1314–1347) nimmt die Zahl deutschsprachiger Herrscherurkunden jeweils deutlich zu. Die wesentliche Zunahme freilich stellt sich erst unter Kaiser Karl IV. aus der Familie der Luxemburger (1346–1378) ein, dessen Kanzlei auch unter bildungsgeschichtlichen Gesichtspunkten (»deutscher Frühhumanismus«) und in literarischer Hinsicht eine bedeutende Rolle spielte.

Mit der Nennung des Habsburgers und des Bayern ist gleichzeitig ein Hinweis auf die Regionen gegeben, in denen zuerst das Deutsche als Urkundensprache verwendet wurde: Mehr als 95 % der deutschsprachigen Urkunden des 13. Jahrhunderts stammen aus dem alemannischen sowie dem bairisch-österreichischen Sprachraum. Nach Süden durch die Alpen, nach Norden hin im Wesentlichen von einer Linie Wien – Passau – Regensburg – Nürnberg sowie dem Verlauf des Mains nach Westen hin begrenzt, geht von diesem oberdeutschen Sprach- und vor allem Schriftraum die Verwendung des Deutschen als Urkundensprache zunächst in Richtung Nordwesten voran, also entlang des Rheines, sodann in Richtung Nordosten in das Thüringisch-Meißnische. Erst um die Mitte des 14. Jahrhunderts wird auch das norddeutsche Tiefland erreicht.

Noch bis in die letzten Jahre des 15. Jahrhunderts werden weiterhin lateinischsprachige Urkunden aufgesetzt. Dies gilt zum einen für die Herrscherkanzleien und die Kanzleien mancher Landesherren, zum anderen für sprachliche Kontaktzonen, etwa im Berührungsgebiet zur Romania im Westen oder zum Bereich der slawischen Sprachen im Osten bzw. Südosten des deutschen Sprachraums. Zum anderen halten insbesondere die Kanzleien hoher Kirchenfürsten in Deutschland sehr lange am Lateinischen fest und bewahren die lateinische Urkundensprache in einer seit dem 12. Jahrhundert kaum veränderten Form.

7.5 | Der Sonderfall England

Geradezu eine gegenläufige Entwicklung spielte sich im angelsächsischen und anglonormannischen England bis in das 12. Jahrhundert ab. Als Faustregel kann man feststellen, dass in der angelsächsischen Zeit (bis 1066) eine durchaus bemerkenswerte Anzahl von Urkunden in Altenglisch aufgesetzt worden sind, dass mit der Übernahme der Herrschaft durch Wilhelm den Eroberer 1066 dieser hohe Anteil aber ziemlich umgehend und nahezu restlos reduziert wird, so dass Ende des 12. Jahrhunderts die Urkunden nahezu ausschließlich wieder auf Latein abgefasst werden. Erst im weiteren Verlaufe des 13. und 14. Jahrhunderts vermehrt sich der Anteil englischsprachiger Urkunden langsam wieder, ohne indes diejenigen Prozentsätze zu erreichen, die gleichzeitig auf dem europäischen Kontinent bereits verzeichnet werden.

Königliche Diplome der angelsächsischen Zeit wurden im Allgemeinen in lateinischer Sprache verfasst. Sie erreichte ausgangs des 10. Jahrhunderts ein Ausmaß an sprachlicher Komplexität, das das Verständnis entschieden erschwerte, gleichzeitig aber auch von dem hohen Stand einer geradezu artifiziellen Sprachbeherrschung des Lateinischen Zeugnis ablegt (»hermeneutischer Stil«). Parallel zu den Diplomen wurden schon in angelsächsischer Zeit in zunehmendem Umfang mandatsähnliche Schriftstücke, sog. **Writs**, im Namen des Königs in altenglischer Sprache verfasst. Dies spricht für eine konsequent durchgehaltene Trennung zwischen den rechtlich auf Dauer angelegten Materien der Diplome einerseits und den zeitlich befristet gültigen Verwaltungsanweisungen der Writs andererseits. Anders als auf dem Kontinent fand diese Trennung auch in unterschiedlichen Urkundensprachen ihren Ausdruck.

Beim Blick auf die Privaturkunden in angelsächsischer Zeit wird deutlich, dass insbesondere Vergabungen durch Einzelpersonen verschiedenster sozialer Zugehörigkeit einschließlich der Könige, die sog. **Wills**, ebenfalls volkssprachig aufgesetzt worden sind. Dies mag mit der prinzipiellen Bilingualität zwischen gesprochener (Volks-)Sprache und geschriebener (Urkunden-)Sprache erklärbar sein; jedoch ist dieser Unterschied auf dem Kontinent in gleicher Zeit – im 10. und frühen 11. Jahrhundert – nicht nachweisbar. Im Bereich der übrigen Privaturkunden dominiert in angelsächsischer Zeit das Altenglische als Urkundensprache und wird erst nach dem Übergang der Herrschaft auf die Anglonormannen 1066 zunehmend durch das Lateinische abgelöst.

8.

Die Überlieferung der Urkunden – Original und Abschriften

8.1 | Originale und Konzepte, Formeln und Formelsammlungen

»Originale sind diejenigen Ausfertigungen von Urkunden, welche auf Anordnung oder mit Genehmigung ihres Ausstellers entstanden und dazu bestimmt sind, dem Empfänger als Zeugnisse über die beurkundete Handlung zu dienen.«

Diese Definition von HARRY BRESSLAU enthält alle notwendigen und hinreichenden Elemente dessen, was ein Original ist: Es entsteht »auf Anordnung oder mit Genehmigung« dessen, der die Urkunde ausstellte. Es hat seinen Daseinszweck darin, für den Empfänger als Zeugnis der beurkundeten Handlung zu dienen. Schließlich aber steht der definierte Begriff nicht ohne Grund im Plural: Es kann von einer Urkunde mehrere Originale geben, die im Zweifelsfalle gleichberechtigt nebeneinander stehen und formal wie inhaltlich gleich zu behandeln sind.

Das Original verdient, wenn diese Eigenschaft hinreichend sicher nachgewiesen ist, unter allen möglichen Überlieferungsformen einer Urkunde den höchsten Glauben. Allein das Original spiegelt nämlich in seinen äußeren Formen und in seinem Inhalt in vollem Umfang den Willen des Ausstellers wider. Andere Formen der Überlieferung einer bestimmten Urkunde mögen den Inhalt zwar korrekt wiedergeben, benutzen jedoch andere, meist bescheidenere äußere Formen; dann handelt es sich um Abschriften durch den Aussteller oder durch den Empfänger.

Denkbar ist auch, dass nicht nur der Inhalt korrekt wiedergegeben wird, sondern dass eine äußere Form gewählt wird, die dem Original relativ nahe kommt. Wird dabei – durch einen Dritten – versucht, die Schrift des Originals möglichst genau wiederzugeben, dann spricht man von einer **Nachzeichnung**. In Einzelfällen wurden, zumeist auf Betreiben des Empfängers, durch den Aussteller mehrere Originale ausgefertigt, von denen unter Umständen eines besonders prachtvoll ausgestattet wurde. Solche **Prunkausfertigungen** wurden z. B. auf purpurfarbig eingefärbtem Pergament geschrieben, bisweilen mit goldfarbener Tinte, konnten mit einem Goldsiegel besiegelt oder mit Buchmalereien verziert werden. In Einzelfällen haben auch unvollzogene und unbesiegelte Originale (→ Kapitel 5) die Empfänger erreicht.

Den Originalen kommen in der rechtlichen Verbindlichkeit **beglaubigte Abschriften** dann nahe, wenn sie vom Aussteller des Originals hergestellt oder veranlasst werden. Zwar handelt es sich bei diesen Abschriften nicht um den Versuch, äußerlich identische Stücke anzufertigen, aber die Herstellung durch den Aussteller bzw. in seinem Auftrag und die entsprechende Beglaubigung stellt sicher, dass der rechtliche Inhalt als genauso gültig betrachtet wird wie der des Originals selber.

Als **Konzepte** bezeichnet man unbeglaubigte Entwürfe für Urkunden. Diese Konzepte stehen den endgültigen Urkundentexten unterschiedlich nahe, je nachdem, zu welchem Zeitpunkt der vorangegangenen Verhandlungen sie aufgesetzt wurden. Sie enthalten nicht selten nur den Kern des Rechtsgeschäfts, während alle formularartigen Bestandteile des späteren Urkundentextes, also vor allem Protokoll und Eschatokoll, erheblich gekürzt worden sein können oder gar gänzlich fehlen. Konzepte können darüber hinaus Korrekturen aufweisen, durch die sie dem Text des späteren Originals stufenweise angenähert werden sollten. Diese Korrekturen sind zumeist von erheblichem historischem Interesse, weil sie den Weg der Entscheidungsfindung und -formulierung nachzuzeichnen erlauben. Aufgezeichnet wurden Konzepte gelegentlich am Rand oder auf der Rückseite des späteren Originals. Im späten Mittelalter wurden Texte von Konzepten bisweilen in Konzeptbüchern gesammelt.

Zur Erstellung eines vollständigen Urkundenoriginals zog man neben dem Konzept auch **Formeln** heran, die ihrerseits aus früheren Urkunden gewonnen wurden. Die Formeln, meist in mehr oder weniger umfassenden **Formelsammlungen oder Formelbüchern** vereinigt, enthielten den durch die jeweilige Kanzlei festgelegten oder durch die Rechtspraxis unabdingbar notwendigen Standardwortlaut für die Beurkundung eines bestimmten Rechtsfalls. Durch die Einsetzung der jeweils notwendigen individuellen Angaben wurde der Text des Urkundenoriginals daraus entwickelt.

Der Umfang des Gebrauchs von Formeln bzw. Formelsammlungen ist in der Forschung umstritten. Die Verwendung des *Liber Diurnus* (9. Jh.), eines Formelbuchs auf der Basis päpstlicher Urkunden, findet sich vermutlich in bestenfalls einem Zehntel der Papsturkunden bis zum 11. Jh. nachweisbar. Der spätere *Liber Cancellariae Apostolicae* (entstanden um 1230, mehrfach umgearbeitet) gilt als direktes Arbeitsmittel der päpstlichen Kanzlei; seine tatsächliche Benutzung bleibt noch umfassend zu untersuchen. Freilich ist davon auszugehen, dass in der päpstlichen Kanzlei Formelsammlungen relativ häufiger benutzt worden sind als in weltlichen Kanzleien.

Aus merowingischer Zeit sind mit den *Formulae Andecavenses* (Ende 6. Jh.) und den *Formulae Marculfi* (7./8.Jh.?) zwei prominente Beispiele im Umkreis der Königskanzleien überliefert. Mit den karolingischen *Formulae imperiales* aus der Kanzlei Ludwigs des Frommen (814–840) kennt man sogar ein offizielles Kanzleihilfsmittel. In späteren Jahrhunderten geht die nachweisbare Benutzung von Formelsammlungen durch die Kaiser- bzw. Königskanzlei merklich zurück. Selbst die Benutzung des vermeintlich bekanntesten einschlägigen Werks, des *Codex Udalrici* (um 1125), durch die staufischen Kanzleien ist nur gelegentlich auszumachen. Seit dem ausgehenden 13. Jahrhundert verbreiten sich mit den Artes dictandi Typen von oftmals eher rhetorisch-literarisch als praktisch ausgerichteten Formelsammlungen, die ihre Blütezeit unter den luxemburgischen Herrschern des 14. Jahrhunderts erleben.

8.2 | Systematik der Abschriften

Urkunden sind nicht nur als Originale, sondern wesentlich häufiger als Abschriften überliefert. Diese **Abschriften** haben verschiedene Formen und Zwecke. Systematisch kann man sie nach zwei verschiedenen Kriterien sortieren:

1) nach der vorhandenen oder fehlenden Beglaubigung,
2) nach ihrer Anfertigung durch den Aussteller bzw. in seinem Interesse oder durch den Empfänger bzw. in dessen Interesse.

Beide Unterscheidungen beziehen sich in erster Linie auf die rechtliche Aussagekraft der Urkunden: Beglaubigte Abschriften werden im Allgemeinen als rechtlich verbindlich angesehen und können unter Umständen die Originale sogar vollgültig vertreten. Unbeglaubigte Abschriften genießen im Zweifelsfall keinerlei Rechtskraft. Abschriften durch den Aussteller werden im Normalfall eine größere Verlässlichkeit aufweisen als Abschriften durch den Empfänger: Der Aussteller wird bei der Erstellung der Abschriften darauf achten, den einmal beurkundeten Rechtsinhalt nicht zu entstellen, während ein Urkundenempfänger durchaus geneigt sein mag, bei Gelegenheit der Erstellung einer Abschrift den Rechtsinhalt gegenüber dem Original nachzubessern.

Im Einzelnen und systematisch zugeordnet sind folgende Arten von Abschriften zu erwähnen:

	Beglaubigte Abschriften	Unbeglaubigte Abschriften
Ausstellerinteresse	Transsumpt	einfache Abschrift Registereintrag
Empfängerinteresse	Vidimus	einfache Abschrift Kopialbucheintrag

8.3 | Transsumpt und Vidimus

In einem **Transsumpt** (lat *transsumere* = abschreiben) übernimmt ein Aussteller Teile oder das Ganze einer früher von ihm selber ausgestellten Urkunde in eine neue Beurkundung. Dabei wird diese Übernahme ausdrücklich gekennzeichnet. Modern gesprochen, liegt ein Zitat vor. In der Fachsprache der Urkundenlehre spricht man von einem **Insert** (lat. *inserere* = einfügen). Das Insert kann auf die dispositiven Teile einer Urkunde, also im Wesentlichen auf den Kontext, beschränkt werden; es kann allerdings auch bis zum Insert der kompletten Vorurkunde ausgeweitet werden. Mit der Ausstellung des zumeist von ihm selbst veranlassten Transsumptes tritt der Aussteller erneut in die rechtliche Garantie des Urkundeninhaltes ein.

Transsumierungen von Urkunden sind im deutschen Bereich erstmals zu Zeiten König Heinrichs IV. 1072 vorgenommen worden. Seither erfolgte die Transsumierung – neben der weiterhin erfolgenden stillschweigenden Übernahme des Wortlautes von Vorurkunden – vor allem in staufischer Zeit häufiger. Gleichzeitig kamen Transsumierungen auch in der päpstlichen Kanzlei sowie durch deutsche Erzbischöfe und Bischöfe seit dem 12. Jahrhundert öfter vor. Rechtlich wurde darauf Wert gelegt, dass durch die Transsumpte nicht etwa neues Recht geschaffen, sondern lediglich altes Recht erneuert würde.

Im Unterschied zum Transsumpt entsteht das **Vidimus** allein auf Veranlassung des Urkundenempfängers. Dabei wird der komplette Text einer vorhandenen Urkunde – meistens mit einer Beschreibung äußerer Merkmale, etwa des Allgemeinzustandes dieser Urkunde oder ihres Siegels – in eine neue Urkunde aufgenommen bzw. inseriert. In einem Rahmentext versichert der Aussteller dieser neuen Urkunde, die ihm vorgelegte Urkunde gesehen zu haben (lat. *vidimus* = wir haben gesehen, im englischen Urkundenwesen gleichbedeutend: *inspeximus*), sie als echt anzuerkennen und über diese Tatsache eine besiegelte Urkunde auszustellen. Sie besitzt den Charakter einer beglaubigten Abschrift und soll das Original in vollem Umfang vertreten können.

Der Aussteller des Vidimus tritt dabei im Unterschied zum Aussteller eines Transsumptes nicht für den Rechtsinhalt der von ihm beglaubigten Urkunde ein. Seine Funktion ist allein die der Beglaubigung. Voraussetzung für die Anerkennung dieser Beglaubigung ist die Befähigung des beglaubigenden Ausstellers, in Angelegenheiten Dritter urkunden und mit einem sog. authentischen Siegel siegeln zu dürfen. Bis zur allgemeinen Ausbreitung des öffentlichen Notariats in Deutschland im Laufe des 14. Jahrhunderts dominierten unter den Ausstellern von Vidimus-Beglaubigungen geistliche Personen und Institutionen.

8.4 | Register und Kopialbuch

Abschriften nicht einzeln anzufertigen, sondern in Büchern zusammenzufassen, war eine bereits im Hochmittelalter weit verbreitete Praxis. Man nennt solche Sammlungen von Abschriften durch den Aussteller **Register**, durch den Empfänger **Kopialbuch** (oder **Kopiar**, **Chartular**). Diese Abschriften sind in der Regel nicht beglaubigt, also in der rechtlichen Gültigkeit begrenzt wirksam. Sie haben allerdings als Verzeichnisse ausgestellter bzw. empfangener Urkunden in vielen Fällen den jeweiligen Kanzleien als Verwaltungshilfsmittel gedient. Die Zahl der bewusst zum Zwecke der Aufnahme in ein Register bzw. Kopialbuch gefälschten Urkunden dürfte deswegen insgesamt gering sein. Im Unterschied dazu sind Urkunden, die in Formelsammlungen aufgenommen wurden, auch aus stilistischen Gründen darin verzeichnet worden und müssen deswegen nicht auf echte Vorlagen zurückgehen.

Vorbildlich für die Anlage von Urkundenregistern wurde die päpstliche Kanzlei. Vermutlich schon seit dem 4., sicher seit dem 5. Jahrhundert wurden auslaufende Urkunden in **päpstliche Register** eingetragen. Erhalten sind abschriftlich die Register Papst Gregors I. (590–604) sowie die Jahrgänge 876–882 des Registers Johannes' VIII. (872–882). Das erste, vermutlich als Original überlieferte Register deckt die Regierungszeit Gregors VII. (1073–1085) ab. Parallel zur Reform der päpstlichen Verwaltung unter Innozenz III. (1198–1216) beginnt eine weitgehend lückenlos erhaltene Überlieferung der großformatigen, bis Mitte des 14. Jahrhunderts ausschließlich auf Pergament, dann auch auf Papier geschriebenen Registerbände.

Die Register sind zunächst mehr oder wenige chronologisch geführt worden. Ihre sachliche Untergliederung setzt im 13. Jahrhundert ein, wenngleich auch früher schon Spezialregister zu einzelnen Sachkomplexen geführt worden sind, etwa das berühmte *Registrum super negotio Romani imperii* Innozenz' III., in dem die Auseinandersetzungen um die Doppelwahl eines römisch-deutschen Königs 1198 und um die Anerkennung zwischen den beiden Prätendenten Philipp von Schwaben und Otto IV. dokumentiert sind.

Ebenfalls um die Mitte des 13. Jahrhunderts beginnen die Serien der päpstlichen **Sekretregister** und der **Kammerregister**, in denen die Urkunden verzeichnet werden, die in der *camera secreta* des Papstes durch dessen Sekretäre oder Kammernotare ausgefertigt worden sind. Ergänzend treten seit 1342 die auf Papier geschriebenen **Supplikenregister** hinzu, die die Texte der in der Papstkanzlei eingereichten und dort genehmigten Suppliken enthalten, sowie seit 1458 die **Register der Pönitentiarie** mit den dort unterbreiteten und positiv beschiedenen Suppliken. Die Registrierung eingelaufener Suppliken in diesen Serien lag vorwiegend im Interesse der Supplikanten, wie überhaupt diese beiden Registerserien nicht auslaufendes Schriftgut der Päpste und ihrer Behörden, sondern einlaufendes Schriftgut dokumentieren. Die Diversifizierung des päpstlichen Urkundenwesens in der Hochrenaissance lässt seit 1471 mit fragmentarisch seit 1421 erhaltenen Vorläufern **Brevenregister** entstehen, in die diese ursprünglich der Korrespondenz innerhalb des Kirchenstaates dienenden Urkunden eingetragen werden.

Der staunenswerte Gesamtumfang der päpstlichen Registerüberlieferung kennt in seiner Breite keine wirkliche Entsprechung in den weltlichen Kanzleien des Mittelalters. Freilich ist es auffallend, dass nahezu gleichzeitig mit der Aufnahme des Registerwesens in seiner vollen Breite durch Papst Innozenz III. um 1200 auch anderwärts in Europa solche Verwaltungsaufzeichnungen zu entstehen beginnen, so in England unter König Johann Ohneland seit 1199 oder im staufischen Machtbereich um 1230, wenig später auch in Aragón. Kanzleiregister der Könige von Frankreich setzen allerdings erst 1307 ein.

Unter Kaiser Heinrich VII. (1308–1313) und dann vor allem unter Ludwig IV. »dem Bayern« (1314–1347) sind Register der Herrscherkanzlei des Römisch-Deutschen Reiches belegt. Die nachfolgenden Kaiser und Könige haben sich dieser Verwaltungshilfsmittel ebenso bedient. Es ist allerdings ein kennzeichnender Hinweis auf die insgesamt desolate Überlieferungssituation des internen Schriftgutes der mittelalterlichen Reichskanzlei, dass von den Registern nur Bruchstücke überliefert sind. Erst seit König Ruprecht (1400–1410) wird die Überlieferung dichter.

Die Registerbände wurden im Allgemeinen von einzelnen Notaren bzw. Kanzlern und auf deren Initiative geführt. Eine durchgreifende sachlich-systematische Ordnung der aufgenommenen Schriftstücke wurde nicht durchgehalten. Allenfalls erfolgte eine Trennung nach Reichsangelegenheiten und Angelegenheiten des eigenen Territoriums. Erste Vorschriften für die Führung der Reichsregister finden sich in den Kanzleiordnungen König Maximilians I. (1486–1519) aus den Jahren 1494 und 1498.

Im Unterschied zu Registern dienen **Kopialbücher** der Aufzeichnung von Urkundentexten durch die Empfänger. Meistens geschieht dies, anders als bei Registern, auch nicht fortlaufend (oder wenigstens zeitnah), sondern oftmals in großem zeitlichem Abstand zum Empfang der Urkunden in einem Arbeitsgang. Kopialbücher sind mithin zunächst nicht erstrangig Hilfsmittel für die aktuelle Verwaltungstätigkeit, sondern eher übersichtlich angelegte Sammlungen geltender Rechtstitel ohne Rücksicht auf deren Herkunft. Erst die im Spätmittelalter fortschreitende interne Systematisierung dieser Kopialbücher – etwa nach den Ausstellern der aufgenommenen Urkunden oder nach deren regionalem Betreff – machen Kopialbücher praktisch verwendbar. Anders als bei Registern erfolgt die Aufnahme der Urkunden im Allgemeinen im Volltext, mitunter sogar begleitet von Abzeichnungen der wichtigsten graphischen Symbole und der Siegel.

Frühe Kopialbücher entstanden vor allem in geistlichen Institutionen, so etwa um 824 im Bistum Freising oder etwa zur gleichen Zeit beginnend unter Abt Hrabanus Maurus im Kloster Fulda. Die Zahl und regionale Verbreitung der mittelalterlichen Kopialbücher ist nicht überschaubar, jedoch ist das Fehlen früher weltlicher Kopialbücher auffallend. Erst die zunehmende Verfestigung adliger Geschlechter und Familien führte zur Anlage solcher Abschriftensammlungen. Ein frühes

Beispiel dafür ist der *Codex Falkensteinensis* der bayerischen Grafen von Neuburg-Falkenstein aus dem Jahre 1166. Mitunter durch chronikalische Erweiterungen zur **Chartularchronik** ausgebaut, dienten Kopialbücher auch der historischen Selbstvergewisserung der Institutionen. Die besonders herausgehobene Verzeichnung von Wohltätern und Stiftern erfüllte die Memorialpflichten der Bistümer, Stifte und Klöster.

Nicht häufig, aber dennoch nachweisbar sind Fälschungen von Urkunden in Kopialbüchern. Ein prominentes Beispiel stellen die umfangreichen Fälschungen des Mönches Eberhard von Fulda um 1160 dar. In zwei Pergamentbänden sammelte Eberhard die Besitzstandsnachweise seines Klosters. Dabei verfälschte er jedoch fast systematisch Privaturkunden, die für das Kloster ausgestellt worden waren, zu Kaiser-, Königs- oder Papsturkunden, um den Güterübertragungen damit einen höheren rechtlichen Rang zu verleihen, und ging auch ansonsten mit den Vorlagen ausgesprochen freizügig um. Um das Ausmaß seiner Fälschungen zu verdecken, hat er die ihnen zugrunde liegenden Originale vernichtet.

9.

Urkundenfälschungen

Die Diplomatik als Wissenschaft hatte ihren Ausgangspunkt darin, den Unterschied zwischen echten und falschen Urkunden bestimmen und dafür eindeutige, nachvollziehbare Kriterien angeben zu können (*discrimen veri ac falsi*, → Kapitel 2). Vom Ergebnis dieser Unterscheidung hing es ab, ob eine Urkunde als Rechtsdokument verwendbar war oder nicht, ob sie ein tatsächlich bestehendes Rechtsverhältnis, ein tatsächlich abgeschlossenes Rechtsgeschäft widerspiegelte oder eine Rechtsfiktion, die – aus welcherlei Motiven auch immer – konstruiert worden war. Solange Urkunden vorwiegend als Rechtsdokumente und weniger als historische Quellen gelesen und verwendet worden sind, stand hinter der Unterscheidung zwischen Echtem und Falschem gleichzeitig die Möglichkeit der Untersuchung eines Straftatbestandes. Dieses Delikt der Urkundenfälschung kannte bereits das Mittelalter. Noch heute ist es in veränderter Form Gegenstand des Strafgesetzbuches (§§ 267–282 Urkundenfälschung; vgl. auch §§ 149–152a Geld- und Wertzeichenfälschung), durch das es mit verhältnismäßig einschneidenden Strafandrohungen bewehrt ist.

Im Hinblick auf die Fälschungen mittelalterlicher Urkunden sind vier verschiedene Dimensionen zu erfassen:

1) die Typologie der Fälschungen (Welche Typen von Fälschungen gibt es? Wie verhalten sie sich zu den jeweils unbestritten gültigen rechtlichen Tatsachen?),

2) die Motive für die Fälschungen (Warum wurden die Fälschungen angefertigt?), damit verbunden die Frage nach dem Unrechtsbewusstsein und der Bestrafung der Fälscher,
3) die Technik der Fälschungen (Mit welchen Methoden, ggf. mit welchen Hilfsmitteln wurden sie hergestellt?) sowie
4) das Erkennen von Fälschungen (Wie werden Fälschungen durch die wissenschaftliche Urkundenlehre erkannt? Wie wurden sie ggf. schon im Mittelalter erkannt?).

Diese Fragen sind dann, wenn man nicht die zahlreichen individuell gelagerten Fälle systematisch analysieren kann, was bisher nicht gelang, nur auf einer sehr allgemeinen Ebene zu behandeln. Typen, Begründungen, Techniken und die Entlarvung der Fälschungen bleiben abstrakt, soweit sie nicht an Beispielen erläutert werden. Deswegen werden allgemeine Darlegungen über das Phänomen der mittelalterlichen Urkundenfälschungen in diesem Kapitel von der genaueren Darstellung besonders prominenter Fälschungsfälle getrennt behandelt (→ Kapitel 10).

9.1 | Typologie der Urkundenfälschungen

Zu unterscheiden sind im Grundsatz drei verschiedene Typen der Urkundenfälschung (**Spurium**, pl. Spuria), die ihrerseits in sich noch unterscheidbare Ausprägungen aufweisen.

Der einfachste Fall ist die **freie Fälschung** (Ganzfälschung, Totalfälschung): Eine Urkunde wird – allenfalls unter Zuhilfenahme von einzelnen Formulierungsbestandteilen anderer Urkunden – vollständig gefälscht. Dieser Fälschung liegt keine vorhandene echte Urkunde zugrunde. Alle wesentlichen Teile der Urkunde werden entweder vollständig frei erfunden oder aus nicht zusammenhängenden, einzelnen Textbausteinen zusammengesetzt. Dieser Fall ist verhältnismäßig selten: Einerseits bestand für den Fälscher ein erhebliches Risiko, angesichts des Fehlens von Vorlagen oder Vorbildern ein offenkundig nicht akzeptables Ergebnis zustande zu bringen. Andererseits aber bestand in den meisten Fällen für den Fälscher die Möglichkeit, sich an brauchbare und durch Manipulationen passfähig zu machende Vorlagen stärker anzulehnen.

Aus dieser Überlegung entsteht der zweite Typ von Urkundenfälschungen, bei dem eine vorhandene echte Urkunde durch Manipulationen verändert wird (**Verfälschung**). Dabei wurden Teile des Wortlautes entweder durch Hinzufügen erwünschter Bestandteile (**positive Interpolation**) oder durch Weglassen unerwünschter Bestandteile (**negative Interpolation**) verändert. Dies erfolgte einerseits vor allem im Bereich der Dispositio, also der Verfügung über das eigentliche Rechtsgeschäft, etwa durch die Hinzufügung von Ortsnamen bei Besitzbestätigungen oder durch das Weglassen von Klauseln über Gerichts- und Eingriffsrechte Dritter über bzw. in den eigenen Besitz. Andererseits konnte es für Fälscher erstrebenswert sein, eine echte Urkunde durch die Verfälschung der Intitulatio einem anderen Aussteller zuzuweisen; auf diese Weise entstanden ggf. auch aus Privaturkunden Herrscherdiplome.

Ein dritter Fall ist wesentlich schwerer ausfindig zu machen und kann u. U. allein mit den Mitteln der Urkundenlehre gar nicht entdeckt werden. Es handelt sich um den Fall der **Falschbeurkundung**, in dem ein im Grunde berechtigter Aussteller wissentlich die Unwahrheit beurkundet. Die Falschbeurkundung kommt vor allem in Form der Kanzleifälschung zustande, also als formal völlig einwandfreie Urkunde, deren Ausstellung meist außerhalb des an sich vorgeschriebenen Geschäftsgangs erfolgte, die aber letztlich alle Zeichen einer echten Urkunde des jeweiligen Ausstellers trägt.

9.2 | Art, Umfang und Motive von Urkundenfälschungen – Mentalitäten und Bestrafung der Fälscher

Die wenigstens mittelalterlichen Urkundenfälscher verfolgten unmittelbar eigennützige Motive in dem Sinne, dass ihnen als individuellen Personen durch die Fälschungen Vorteile erwachsen sollten. Statt dessen dominierte das Interesse, eventuelle Vorteile aus der Fälschung meistens ganzen Gemeinschaften zugute kommen zu lassen. Dabei mußten diese Vorteile nicht zwangsläufig aus Manipulationen der Wahrheit hervorgehen, sondern konnten sich allein daraus ergeben, für ein in der Tat im eigenen Besitz befindliches Recht einen schriftlichen Rechtstitel zu fälschen. Motive von Urkundenfälschungen lassen sich, so gesehen, differenzieren nach dem Umfang des Abweichens der jeweiligen Fälschung von den rechtlich gültigen Tatsachen.

Lag dem Inhaber eines Rechts keinerlei schriftlicher Rechtstitel (mehr) vor, so konnte er sich einer Urkundenfälschung bedienen, um den tatsächlichen, real vorhandenen Besitz eines Rechtes schriftlich abzusichern. In diesem Fall wird durch die Fälschung keinerlei neues Recht geschaffen, sondern lediglich das bisher schon geltende Recht durch eine neue, formal gefälschte Urkunde abgesichert. Man nennt dies eine **feststellende Fälschung**. Fälschungen dieser Art sind in zwei Konstellationen denkbar und nachweisbar: zum einen dann, wenn ein Besitztum, ein Recht o. ä. allein durch rechtssymbolische Handlungen, nicht aber durch eine schriftliche Beurkundung übertragen worden war, nun aber die Notwendigkeit bestand, im Rahmen von Rechtsstreitigkeiten einen schriftlichen Titel vorlegen zu müssen, zum anderen im Falle von Urkundenverlusten durch die im Mittelalter verhältnismäßig häufigen Brände. Eine feststellende Fälschung verfolgt keine dolose Absicht (von lat. *dolus* = List, Hinterlist), auch wenn ihr Ergebnis eine offenkundig unechte Urkunde ist, deren Herstellung denselben Strafen unterlag wie jede andere Urkundenfälschung auch.

Den Übergang zur Herstellung von Fälschungen, deren Rechtsinhalt offensichtlich der rechtlichen Wirklichkeit nicht entsprach, markieren diejenigen Fälschungen, deren Zweck es gewesen sein soll, Tatsachen juristisch zu untermauern, die zwar nicht wirklich bestanden, deren Bestehen aber für eigentlich zwingend erforderlich gehalten wurde. Dahinter stand die Vorstellung, dass nicht alle rechtlich tatsächlich vorhandenen Verhältnisse dem entsprachen, was im Rahmen des göttlichen Schöpfungsplanes und der gottgewollten Weltordnung eigentlich angemessen sei. Es sind diese Fälschungen, deren Zustandekommen in einer klassisch gewordenen Formulierung der Historiker Fritz Kern (1884–1950) so erklärte: »*Ich bin überzeugt, wenn es sich auch mangels Fälscherkonfessionen des Mittelalters schwer quellenmäßig belegen läßt, dass man ein für sein Kloster Urkunden komponierendes Mönchlein*

(...) in seinem Maulwurfsbau sich den Himmel verdient hat. War es denn nicht sozusagen aus Vernunft, Rechtsgefühl, leisen oder lauten Überlieferungen usw. klar und einleuchtend, dass jener Acker nicht dem bösen Vogt gehören kann, da er doch so geschnitten ist, dass er zu dem anstoßenden Klostergut ursprünglich gehört haben muß. (...) Wenn jener Acker für das Kloster zurückbewiesen war, dann durfte sich der geschickte Urkundenstratege freuen als über einen unblutigen, wahrhaft rechtlichen Sieg.« (Fritz Kern, Recht und Verfassung im Mittelalter, in: Historische Zeitschrift 120, 1919, S. 1–79, hier: S. 33 f.)

Die dahinter stehende Annahme der prinzipiellen Straffreiheit solcher Fälschungen und des daraus entstandenen fehlenden Unrechtsbewusstseins der Fälscher ist mittlerweile dadurch überholt worden, dass eben genau diejenigen Fälscherbekenntnisse gefunden worden sind, deren Fehlen Fritz Kern zu seinen Überlegungen veranlasst hatte. Das spricht allerdings nicht dagegen, dass Fälschungen mit dem Ziel, die Realität mit eigenen Annahmen über das Aussehen göttlicher Pläne zur Übereinstimmung zu bringen, tatsächlich vorgekommen sind. Nur wird man sich von der Vorstellung lösen müssen, dies sei in der Annahme geschehen, für diese menschliche Korrektur des göttlichen Schöpfungsplans unbestraft zu bleiben.

Dies führt zur dritten und ganz ohne jeden Zweifel größten Gruppe von Fälschungen, zu den Fälschungen, die in Kenntnis des Verbotes der Urkundenfälschung zu dem Zweck vorgenommen worden sind, Urkunden zu produzieren, die ihrerseits eine andere, für den Fälscher oder seinen Auftraggeber günstigere Rechtswirklichkeit herzustellen als die bestehende. Hergestellt wurden diese Fälschungen im Bedarfsfall, also nicht auf Vorrat. Jede Urkundenfälschung reagiert also auf ein unmittelbar aufgetauchtes Bedürfnis nach einem bestimmten Rechtstitel.

Dieses Bedürfnis nach einem Rechtstitel entsteht im Bereich des Ostfränkisch-Deutschen Reiches offenkundig mit einem Schwerpunkt im 12. Jahrhundert. In dieser Zeit hat sich die Siegelurkunde als wesentliches Instrument zur Beurkundung von Rechtsgeschäften nahezu flächendeckend durchgesetzt. Die zunehmende Bedeutung des Römischen Rechts und die Ausdifferenzierung des Kirchenrechts – sichtbar werdend um 1130 im *Decretum Gratiani* – erhöhen die Bedeutung der

Schriftlichkeit in Rechtsauseinandersetzungen. Die mittelalterliche Vorstellung von der Überlegenheit des älteren Rechts gegenüber dem jüngeren Recht trägt dazu bei, in dieser Situation das Fehlen von alten Urkunden dadurch auszugleichen, dass in großem Stile Fälschungen fabriziert werden. Dieser Bedarf entstand punktuell schon in früheren Jahrhunderten, erreichte nun aber seinen unstreitigen Höhepunkt.

Dies ist auch abzulesen an der Entstehungszeit gefälschter Kaiser- und Königsurkunden des Mittelalters. Die Neigung dazu, möglichst alte Rechtstitel zu fälschen sowie als angebliche Aussteller dieser Urkunden möglichst weithin bekannte Herrscher auszuwählen, führte dazu, dass Karl der Große (768–814) bei weitem an der Spitze derjenigen Herrscherpersönlichkeiten steht, auf deren Namen Urkunden in späteren Jahrhunderten gefälscht wurden. Von 264 Urkunden Karls des Großen gelten 104 als Fälschungen (= 40%). Von diesen 104 Fälschungen wiederum wurden 25–26 im 11. Jahrhundert (24–25%) sowie stattliche 40–45 (= 38–43%) im 12. Jahrhundert und nur noch 10–15 in den späteren Jahrhunderten angefertigt. Diese Zahlen spiegeln die allgemeine Entwicklung der Fälschungstätigkeit im deutschen Bereich recht gut wider. Gefälscht wurden eher alte als jüngere Rechtstitel, gefälscht wurde auf die Namen allseits bekannter Aussteller und gefälscht wurde überdurchschnittlich häufig in der Hochblüte der Siegelurkunde, im 12. Jahrhundert.

Eine andere Relation ist diejenige zwischen echten Urkunden und Fälschungen von Herrscherurkunden. Hier ist ein langsames Absinken der Fälschungsquotienten im Laufe des Mittelalters zu verzeichnen. Etwa 66% der Merowingerurkunden sind Fälschungen, immerhin noch 40% der Urkunden Karls des Großen und 22% der Urkunden seines Sohnes Ludwigs des Frommen. Dann pendelt sich der Prozentsatz in ottonischer und salischer Zeit auf etwa 10–12% ein, um im weiteren Vorangehen des Mittelalters und mit der Entwicklung der Siegelurkunde zum Massenprodukt absolut wie relativ in den Bereich der Bedeutungslosigkeit abzusinken.

Die offenkundig reiche Anzahl von Urkundenfälschungen, oftmals, ja wahrscheinlich überwiegend von Geistlichen angefertigt, hat in der Diplomatik über lange Zeiten hinweg ein zwiespältiges Gefühl ausgelöst, zumal Motive von Urkundenfälschern im Dunkeln blieben. Freilich hat die oben zitierte Feststellung Fritz Kerns mittlerweile an Geltung verloren, da sich wider alles Erwarten eben doch Aussagen zu den Motiven der Fälscher machen lassen. Sie reichen von der schlichten Geldgier gewissermaßen handwerklich, bisweilen serienweise im Auftrag Dritter fälschender Krimineller bis hin zu sehr individuellen, überwiegend von der persönlichen Eitelkeit oder dem Wunsch nach persönlichen Vorteilen reichenden Beweggründen. Ein Zwischenergebnis der bisherigen Forschungen auf dem Gebiet der Fälschungsmotive zeigt keine wesentlichen Abweichungen zu Ermittlungen solcher Motive bei modernen Straftätern.

Die Bestrafung von Fälschern konnte auf den antiken Tatbestand der Urkundenfälschung aufbauen und sicherte vor allem bei denjenigen Fälschungen, die Vermögenstatbestände betrafen, die Möglichkeit der rechtlichen Verfolgung. Mit der Wiedererweckung des Römischen Rechts und dem Ausbau des kanonischen Rechts, vor allem seit dem 12. Jahrhundert, wurde die Strafbarkeit von Urkundenfälschungen weit ausgreifend behandelt und begründet. An erster Stelle ist hierbei die in den *Liber Extra* übernommene Dekretale des Papstes Innozenz III. (1198–1216) *Ad falsariorum* von 1201 zu nennen (X 5.20.7), in der die Überprüfung von Papsturkunden anhand präzise festgelegter Echtheitskriterien für den Fall zur Pflicht gemacht wird, dass inhaltliche Bedenken auftauchten. Kleriker, die sich dieses Deliktes schuldig machten, seien – so dieselbe Dekretale – mit Exkommunikation, Deposition und Entzug der Benefizien zu bestrafen.

Ausgehend von diesen päpstlichen Rechtsvorschriften nahmen sich die Praktiker des Römischen und kanonischen Rechtes der Fortentwicklung eines in sich geschlossenen Straftatbestandes der Urkundenfälschung an und systematisierten insbesondere Formen und Umfang der Bestrafung im Zusammenspiel zwischen kirchlicher und weltlicher Gewalt. Insgesamt gesehen, kann spätestens seit dem Beginn des 13. Jahrhunderts an der Strafbarkeit der Urkundenfälschung keinerlei Zweifel mehr bestanden haben.

Abbildung 7
Urkunde Herzog Heinrichs des Löwen von 1146

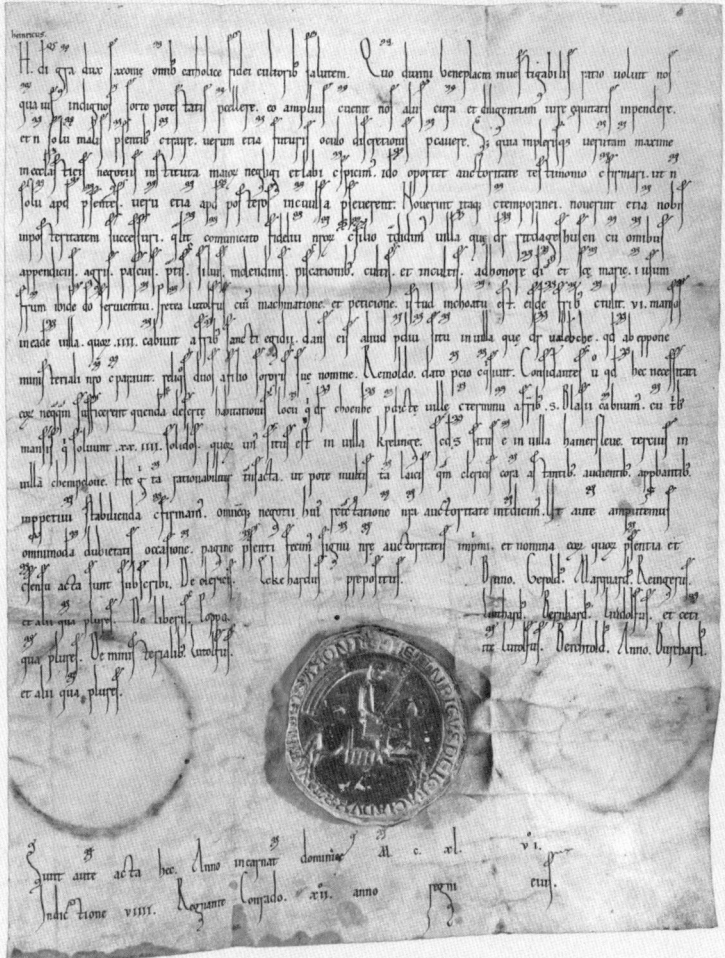

Abbildung 7
Urkunde Herzog Heinrichs des Löwen von 1146

Die Abbildung steht stellvertretend für »Privaturkunden« herzoglicher Aussteller der staufischen Zeit. Sie zeigt eine Urkunde Heinrichs des Löwen, Herzogs von Sachsen und Bayern, von 1146 für das Zisterzienserkloster Riddagshausen bei Braunschweig (Monumenta Germaniae Historica. UU HdL 7). Inhalt der Urkunde ist die Bestätigung der Gründung und Dotierung des Klosters, zusätzlich die Übertragung des Dorfes Riddagshausen.

Die Urkunde ist zeittypisch im Hochformat gehalten, also höher (43 cm) als breit (34 cm). Sie weist, anders als annähernd gleichzeitige Herrscherurkunden, eine einfachere graphische Gestaltung auf.

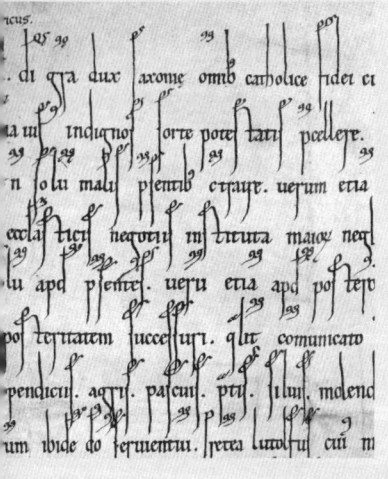

Zeile 1–19

Diplomatische Minuskel. – Unterschiedslos in einem Schrifttyp gehalten, zeigt der Text ein regelmäßiges Schriftbild mit engem Buchstabenabstand, langen Ober- und Unterlängen und einer schlaufenartigen Verzierung der Oberlängen vor allem beim langen *s*. Kürzungszeichen werden auf der Höhe des oberen Endes des Oberlängen über die Wörter gesetzt und wirken auf diese Weise, als seien sie vom Text darunter abgehoben und stünden mit ihm nicht in Verbindung. Auffallend ist die – offensichtlich später vorgenommene – Auflösung der Initiale des Ausstellernamens *H.* durch ein übergeschriebenes *Heinricus*.

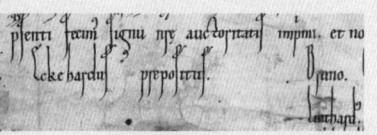

Zeilen 17–18

Hier wird der Schriftblock, der über die ganze Länge der Urkunde linksbündig geschrieben ist, in der Mitte unterbrochen, um dem aufgedrückten Siegel Platz zu lassen. Für die Herstellung der

Urkunde folgt daraus gleichzeitig, dass wohl erst dieses Siegel aufgedrückt worden sein wird, dann der Text geschrieben wurde. Anders ist das auffällige Aussparen des Platzes für das Siegel nicht erklärbar.

Das Siegel selbst ist ein typisches Reitersiegel, auf dem ein mit Lanze und Fahne ausgestatteter Reiter auf einem in Bildrichtung nach rechts springenden Pferd zu sehen ist.

Zeilen 20–21
Diplomatische Minuskel. – Offenkundig von gleicher Hand geschrieben, findet sich hier das Datum der Urkunde.

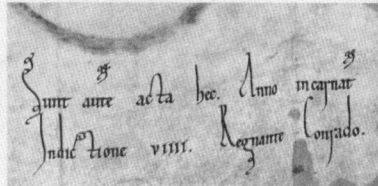

Abbildung 8

Urkunde Erzbischof Gerhards II. von Bremen von 1225

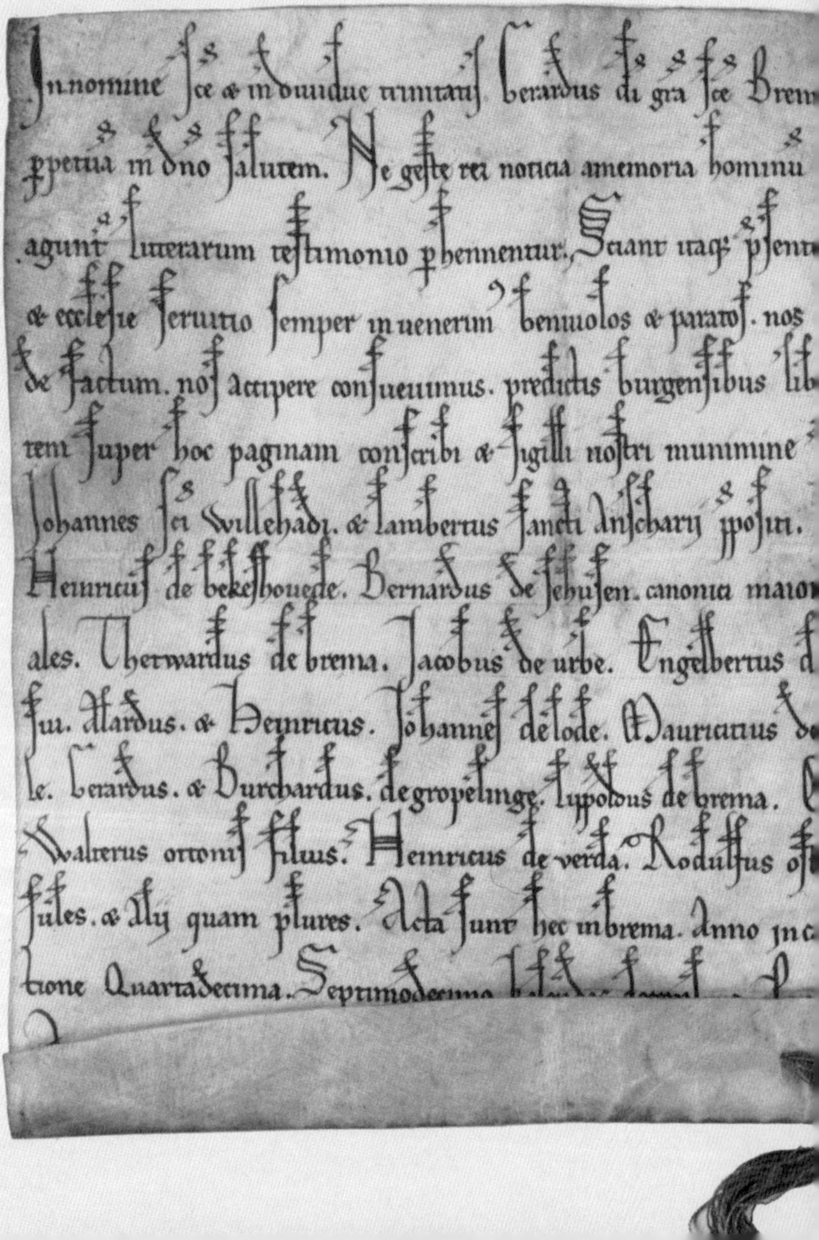

Innomine sce & individue trinitatis Gerardus di gra sce Brem
ppetua in dno salutem. Ne geste rei noticia amemoria hominu
agunt literarum testimonio phennentur. Sciant itaq; psent
& ecclesie servitio semper inuenerim benivolos & paratos. nos
de factum. nos accipere consueuimus. predictis burgensibus lib
tem super hoc paginam conscribi & sigilli nostri munimine
Johannes sci Willehadi. & Lambertus sancti Anscharii ppositi.
Henricus de bekeshouede. Bernardus de sehusen. canonici maior
ales. Therwardus de brema. Jacobus de urbe. Engelbertus d
fui. Alardus. & Henricus. Johannes de lode. Mauricius d
le. Gerardus. & Burchardus. de gropelinge. Lippoldus de brema.
Walterus ottonis filius. Henricus de verda. Rodulfus o
files. & Alii quam plures. Acta sunt hec in brema. Anno inc
tione Quartadecima. Septimodecimo

...ie archieps Vniuersis xpi fidelibus tam nascituris qua natis
...pe labili labatur et pereat, necesse est ut ea que laudabiliter
...noscant posteri. qd cum burgenses nostros bremenses in nro
...ionem ipsor theloneum quod attranseuntibus p aggerem uor
...condonamus. Vt autem eis hec firma pmaneant presen
...s roborari. Huius rei testes sunt. Heinricus scolastic̄
...s cellerarius. Hermannus pipmannus. Heinricus de wissem
...e. Helmwicus sancti Willehadi scolasticus. Ministeri
...ouede. Bruningus debrema. Martinus de hutha. et fratres
...Ericus de utlede. Burchardus de Iuanewede. Albero de stel
...aute. Marquardus de wnnesthorpe. Heinricus de borkeo.
...filius. Ludolfus de nienburg. Luderus de riden. et ceteri con
...uj. domini Millesimo ducentesimo Vigesimo quinto. Indic

Abbildung 8
Urkunde Erzbischof Gerhards II. von Bremen von 1225

Die Abbildung steht stellvertretend für »Privaturkunden« bischöflicher Aussteller der staufischen Zeit. Sie zeigt eine Urkunde Erzbischof Gerhards II. von Bremen von 1225 für die Bürger Bremens (Bremisches Urkundenbuch, bearb. von D. R. Ehmck, Bd. 1, Bremen 1863, S. 159f. Nr. 138). Inhalt der Urkunde ist die Befreiung der Bremer Bürger vom Zoll in Bremervörde.

Die querformartige Urkunde orientiert sich am Vorbild der gleichzeitigen königlichen Diplome, bei denen seit dem ausgehenden 12. Jahrhundert eine Tendenz zur Vereinfachung dazu führte, dass neben den weiter existierenden feierlichen Diplomen auch einfachere Varianten vorkamen.

Zeilen 1–15
Diplomatische Minuskel. – Der Textblock der fünfzehnzeiligen Urkunde – davon die unterste Zeile völlig, die zweitunterste zu Teilen verdeckt – ist einheitlich in einer ausgefeilten Diplomatischen Minuskel geschrieben. Insbesondere die Oberlängen sind reichhaltig durch Schlaufen und Schlingen verziert.
Der Urkundentext nutzt das Pergament fast ohne einen Rand aus. Das dürfte ein Anzeichen dafür sein, dass das Blatt nach der Niederschrift des Textes zurechtgeschnitten wurde.
Das an einem Faden anhängende Wachssiegel des Ausstellers ist stark fragmentiert.

Abbildung 9 (siehe nächste Seite)
»Großer Brief« der Stadt Braunschweig von 1445

Die Abbildung zeigt eines von vier erhaltenen Exemplaren derjenigen Urkunde, mit der innerhalb der Stadt Braunschweig zwischen dem Rat, den Ratsgeschworenen und den Gildemeistern 1445 Juli 12 neue Grundlagen für die politische Beteiligung der Bürgerschaft und der Gilden am Stadtregiment festgelegt wurden (Urkundenbuch der Stadt Braunschweig, Bd. 1, Braunschweig 1862, S. 226–229 Nr. 88). Die außerordentlich detailreichen Regelungen führten zu einem sehr langen Text, der nur mit Mühe auf ein Pergamentblatt zu bringen war.

Die querformatige Urkunde vermittelt in ihrem ungegliederten Textblock den Eindruck völliger Schmucklosigkeit. Herausgehoben ist lediglich die Initiale des Textes. Im Übrigen ist der Textblock auf vorgezeichneten Linien geschrieben worden, linksbündig und auch rechts nahezu im Block formatiert.

Interessant ist die Besiegelung mit insgesamt fünfzehn anhängenden Wachssiegeln. Links außen hängt das große Siegel der Stadt Braunschweig (vgl. oben nach einem anderen Abdruck), rechts außen das Siegel der Braunschweiger Bürgergemeinde. Dazwischen finden sich dreizehn Siegel der städtischen Gilden. Durch diese Mehrfachbesiegelung wird der Charakter dieses Schriftstücks als Vertrag deutlich: Anders als im Hochmittelalter üblich und noch im Spätmittelalter vorherrschend, handelt es sich hier nicht um eine einseitige Verfügung, sondern um einen mehrseitigen Vertrag, der von allen Vertragsparteien besiegelt wird und erst dadurch Rechtskraft erhält.

Abbildung 9
»Großer Brief« der Stadt Braunschweig von 1445

Abbildung 10
Soldquittung des Lübecker Söldnerführer Helricus Wezenbergh von 1368

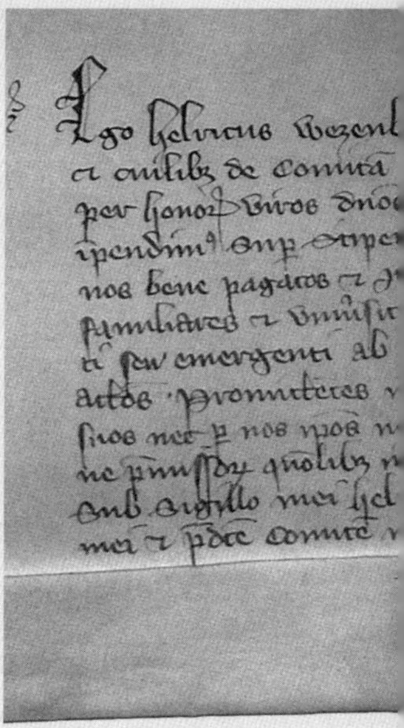

Stellvertretend für die Abertausende spätmittelalterlicher »Privaturkunden« niederadliger und bürgerlicher Aussteller steht diese Urkunde des Söldnerführers Helricus Wezenbergh von 1368 Oktober 18 (erwähnt: Urkundenbuch der Stadt Lübeck, Bd. 3, Lübeck 1871, S. 723 Nr. 664 Anm. 2). Inhalt der Urkunde ist die Quittung des Ausstellers gegenüber der Stadt Lübeck, für den halbjährigen Kriegsdienst gemeinsam mit drei Waffenträgern und zwei Bogenschützen den ihm zustehenden Sold und den Ersatz des Aufwands erhalten zu haben.

Die Urkunde ist im Querformat beschrieben; sie misst 9 cm in der Höhe und 23 cm in der Breite. Abgesehen von der herausgehobenen Form des ersten Buchstabens (*Ego*) ist der zwölfzeilige Text in einer völlig schmucklosen gotischen Minuskel geschrieben worden, die in den Buchstabenformen im Einzelnen für die zweite Hälfte des 14. Jahrhunderts völlig typisch ist.
Als Beglaubigungsmittel hängt an der Urkunde an einem Pergamentstreifen das schildförmige Siegel des Ausstellers.

...to publice recognostes protestor in hijs Scriptis michi
...tibz Wÿnigerb me inter alios ṗputando a dnobz Sagittarijs
...s Ciuitatis Lubicen ṗo seruicio quod ÿpis in gwerris suis
... ṗo oṁi eo in quo noḃ tenebant̄ fore totalr satisfc̄oiṁ tenetes
...mīṣimū̄ cām a priṫbz Dimittim̄ ipos dn̄os consḷ eoꝝ ciues
...uitat Lubicen̄ de pmiṡs Stipedio a seruicio āc quoḃ ïāde
...toꝛ quitos a solutos Referetes eoꝛ honestati informes grāy
...fide z nulla monicio aut aliq̄ nouā actio dc̄os dn̄os consḷ āc
...uincare vt amicū āc pꝗd Alm̄ ex pte mi subsequi debebit dō
...dan̄ anno dn̄i mcccc⁰. lxxxi⁰. in die bt̄i Luce ewāgeliste
...enbergḥ pda priṫbz appento cū mea certa scīā a voluntate noie
...ectionū pmiṡsoꝛ;

10.

Drei Fallstudien – Die Konstantinische Schenkung, das Privilegium maius und die Urkundenfälschungen des Georg Friedrich Schott

Die Erforschung von Urkundenfälschungen ist immer eine Untersuchung von Einzelfällen. Alle Versuche, ganze Überlieferungsgruppen insgesamt und ohne Prüfung der Einzelstücke als Fälschungen zu verwerfen, sind gescheitert. Jedoch zeigt sich an vielen, zumal prominenteren Urkundenfälschungen und der Geschichte ihrer »Enttarnung« gleichzeitig Grundlegendes: die Entwicklung der Urkundenlehre zur Wissenschaft, ihre langsame Lösung von außerwissenschaftlichen Vorgaben und Beschränkungen, die Fortentwicklung der Wissenschaft durch die anhaltende Perfektionierung der Methoden und durch die Verbreiterung der Materialbasis, schließlich die Bedeutung der Forschungsgeschichte auch für die jeweilige Gegenwart des Forschers. Drei Fallstudien sollen als Beispiele herangezogen werden: eine frühmittelalterliche Urkundenfälschung, die schon im Humanismus als solche erkannt wurde, die spätmittelalterliche Fabrikation einer für die Identität eines ganzen Reiches grundlegend gewordenen Urkunde und eine moderne Fälschungsserie, als deren Entstehungsgrund man am ehesten die gelehrte Eitelkeit ihres Autors annehmen kann.

10.1 | Die Konstantinische Schenkung (Constitutum Constantini)

Um nichts weniger als die Begründung des 1870 vom Königreich Italien annektierten und durch die Lateranverträge von 1929 als »Vatikanstaat« völkerrechtlich in seinen jetzigen Grenzen anerkannten Kirchenstaates sowie um einen der wesentlichen Ursprünge des päpstlichen Primats über die Weltkirche geht es bei der Konstantinischen Schenkung. Kaiser Konstantin der Große (306–337) soll in einer Urkunde dem Papst Silvester (314–335) zunächst die Geschichte der eigenen Bekehrung zum Christentum und seiner Taufe durch Silvester berichtet haben. Zum Dank dafür habe Konstantin, so heißt es im zweiten Teil dieser langen Urkunde, dem Papst und seinen Nachfolgern gewisse kaiserliche Ehrenrechte verliehen, ihm den Vorrang über die Patriarchate Antiochia, Alexandria, Konstantinopel und Jerusalem zugestanden, den Lateranpalast in Rom überlassen, darüber hinaus die Stadt Rom insgesamt und »alle Provinzen, Orte und Städte Italiens und des Abendlandes« (c. 17: *tam palatium nostrum … quamque Romae urbis et omnes Italiae seu occidentalium regionum provincias, loca et civitates*). Konstantin habe außerdem seine eigene Residenz von Rom nach Byzanz verlegt, weil es nicht angängig sei, »dass dort der irdische Kaiser seine Macht ausübt, wo vom himmlischen Kaiser das Haupt der Christenheit eingesetzt« worden sei (c. 18: *quoniam, ubi principatus sacerdotum et christianae religionis caput ab imperatore caelesti constitutum est, iustum non est, ut illic imperator terrenus habeat potestatem*).

Diese Urkunde ist nur in Abschriften überliefert, nicht in einem wie auch immer gestalteten angeblichen »Original«. Die ältesten dieser Abschriften stammen aus der Mitte des 9. Jahrhunderts und gehören zu einem wenig älteren kirchenrechtlichen Sammelwerk, das als *Pseudoisidorische Dekretalen* bekannt ist und das aus einer im Einzelnen schwer zu entwirrenden Reihung von echten, teilweise verfälschten und völlig gefälschten Rechtsentscheidungen antiker und frühmittelalterlicher Päpste besteht. Diese Überlieferungen der Konstantinischen Schenkung markieren aber lediglich den Zeitpunkt, vor dem der Text entstanden sein muss *(terminus ante quem)*. Die bisher in dieser Frage lange Zeit nicht einmütige moderne Forschung hat als Entstehungszeitraum die Jahre unmittelbar vor 850 ins Auge gefasst. Einig ist man sich in der Feststellung, dass dieser Text als Ganzes vermutlich in Westfranken entstanden ist. Als sein Verfasser gilt Paschasius Radbertus.

Interessanter noch als die moderne Forschungsgeschichte ist die mittelalterliche Wirkung dieser Fälschung. Sie sollte naturgemäß das

Anrecht der Päpste mindestens auf diejenigen Bereiche Mittelitaliens untermauern, die ihnen seit karolingischer Zeit durch die Pippinische Schenkung 754 zugestanden worden waren. Damit, so die Rechtsposition des Papsttums, war nur ein Rechtszustand bestätigt worden, der seit mehr als vier Jahrhunderten bestanden hatte. Immer wieder dann, wenn zwischen Kaisern und Päpsten in der Folgezeit Auseinandersetzungen über diese Territorien offen ausbrachen, wurde die Konstantinische Schenkung in den Argumentationen von Seiten der Päpste angeführt, erstmals wörtlich allerdings erst 979. Zur Stützung des päpstlichen Primatsanspruchs diente sie seit der Zeit der Kirchenreform des 11. Jahrhunderts. Schließlich wurden entscheidende Passagen der Urkunde um 1130 in das *Decretum Gratiani* aufgenommen und damit zu geltendem Kirchenrecht.

Kritik an den Inhalten der Urkunde und – daraus abgeleitet – Bedenken gegen ihre Echtheit aber kamen ebenfalls schon im Mittelalter auf. Kaiser Otto III. (983–1002) lehnte die Urkunde 1001 rundheraus als ungültig ab, freilich eher aufgrund von Vorbehalten gegen den päpstlichen Umgang mit dem Inhalt der Schenkung als aufgrund von Argumenten der Echtheitskritik. Das leistete 1152 ein Kleriker namens Wecel aus dem Umkreis des radikalen Armutspredigers Arnold von Brescia in einem Schreiben an den soeben neu gewählten König Friedrich I. Barbarossa, dem es freilich auch eher um den Hinweis ging, dass der Inhalt der Konstantinischen Schenkung im Widerspruch zum Heilsplan Gottes stünde. Wieder und wieder wurde in den folgenden Jahrhunderten mit Hilfe der Kritik an dieser Urkunde Politik gemacht. So bekannte Gegner der Päpste ihrer Zeit wie Marsilius von Padua († 1342/43) und Wilhelm von Ockham († um 1349) wandten sich mit politischen Argumenten gegen die päpstlichen Ansprüche auf den Primat. Die formale Unechtheit erwiesen dann allerdings erst Nikolaus von Kues († 1464) in seiner monumentalen »Katholischen [= Allgemeinen] Konkordanz« *(De concordantia catholica)* aufgrund quellenkritischer Überlegungen und – aus sprachlichen Gründen – der italienische Humanist Lorenzo Valla († 1457) in seinem »Widerspruch gegen die fälschlich geglaubte und erdichtete Konstantinische Schenkung« *(De falso credita et ementita Constantini donatione Declamatio)* um 1440.

Auch diese Nachweise blieben im Mittelalter ohne Echo. Urkundenfälschungen mochten damals als solche erkannt, bezeichnet und bekämpft werden, immer aber geschah das im Interesse einer bestimmten politischen Position. Die Fälschung der Konstantinischen Schenkung behaupteten und bewiesen Gegner des päpstlichen Primats, Gegner des päpstlichen Territorialanspruchs in Mittelitalien, Gegner der päpstlichen Politik an sich, nicht aber Verfechter einer allein wissenschaftlich begründeten »Wahrheit«. Erst eine Druckausgabe von Lorenzo Vallas Schrift, die Ulrich von Hutten 1519/20 besorgte, und Martin Luthers Zustimmung zu dieser Position machten die Fundamentalkritik am mittelalterlichen Papsttum bekannt, nun im Zusammenhang der konfessionellen Spaltung der Kirche und wieder von Gegnern der Päpste. Dagegen setzte der katholische Kardinal und Kirchenhistoriker Cesare Baronio († 1607) die unhaltbare These von der Fälschung dieser Urkunde durch die Griechen. Erst 1861 erwies Ignaz von Döllinger (1799–1890), der bedeutende (alt-)katholische Gegner des Ersten Vatikanischen Konzils und seiner Beschlüsse, die Konstantinische Schenkung als Fälschung aus dem Umkreis der frühmittelalterlichen Päpste, freilich wiederum nur deswegen, weil er im Kampf gegen die politischen Ansprüche Papst Pius' IX. (1846–78) den Forderungen nach einem eigenen Kirchenstaat den Boden entziehen wollte. Die wissenschaftliche Forschung konnte ihre Ergebnisse öffentlich unangefochten erst zum Tragen bringen, als dieser Kirchenstaat Vergangenheit geworden war.

10.2 | Das Privilegium Maius

Die »Österreichischen Freiheitsbriefe«, deren wichtigster Bestandteil das auf 1156 datierte, gefälschte Diplom Kaiser Friedrichs I. ist, entstanden im Winter 1358/59. Bis heute unbekannt gebliebene, historisch wie urkundentechnisch sehr versierte Fälscher aus dem Umkreis Herzog Rudolfs IV. von Österreich (1358–65) fabrizierten eine Serie von Urkunden der Könige und Kaiser Heinrich IV. von 1058, Friedrich I. von 1156, Heinrich (VII.) von 1228, Friedrich II. von 1245 und Rudolf von Habsburg von 1283. Eingefügt wurden in die Fälschung auf Heinrichs IV. Namen noch je eine angebliche Urkunde Caesars und Neros. Eine ganze

Kaskade von Ausnahmevorrechten zugunsten der österreichischen Herzöge war in den Urkunden enthalten: Die Befreiung von allem Dienst gegenüber dem Reich einschließlich der Befreiung von der Pflicht zur Hoftagsteilnahme, die Pflicht des jeweiligen Kaisers bzw. König, zur Belehnung der österreichischen Herzöge in Österreich zu erscheinen, das alleinige Recht des Herzogs, in seinem Herzogtum die weltliche Gerichtsbarkeit wahrzunehmen, gleichzeitig der Ausschluss jeglicher Gerichtsbarkeit des Reiches über den Herzog, die Primogenitur innerhalb der Familie, auch für den Fall einer weiblichen Nachfolge, die Unteilbarkeit des Herzogtums und schließlich – mit den wohl sichtbarsten Folgen dieser Fälschung bis zum Ende der Donaumonarchie nach dem Ersten Weltkrieg – die Verleihung des Titels eines »Pfalzerzherzogs« an den Herzog von Österreich.

Für solcherlei Rechtsverleihungen gab es keine Vorbilder, zumal nicht in der Summierung dieser Ausnahmerechte. Allem Anschein nach lag der unstreitige Erfolg dieser Fälschung in der enormen Kennerschaft der Fälscher: Sie zeigten, dass eine wie unwahrscheinlich auch immer geartete Fälschung Anerkennung finden konnte, wenn man sie handwerklich so gut wie unangreifbar konzipierte. Insbesondere die Anfertigung des eigentlich zentralen Stücks, der Urkunde Friedrich Barbarossas von angeblich 1156, gelang ganz ausgezeichnet. Für diese Fälschung opferten die Fälscher ein echtes Diplom dieses Herrschers vom gleichen Jahre, in dem die bisherige Markgrafschaft Österreich zum Herzogtum erhoben und mit einigen, wenngleich bei weitem nicht so weitreichenden Vorrechten ausgestattet worden war. Seit 1852 wird dieses vernichtete Diplom Barbarossas im Unterschied zum Privilegium Maius als »Privilegium Minus« bezeichnet.

Freilich stieß die reichsrechtliche Anerkennung der Fälschungen bereits 1360 erstmals auf Widerspruch: Der Auftraggeber der Fälschung, Rudolf IV. von Österreich, legte die Fälschungsserie Kaiser Karl IV. (1346–78) zur Bestätigung vor. Damit wäre, hätte die Bestätigung denn erreicht werden können, der exzeptionelle Ausnahmestatus Österreichs umgehend reichsrechtlich gültig geworden. Nun war Karl IV., der aus der Familie der Luxemburger stammte und politisch ein gewissermaßen natürlicher Gegner eines starken österreichischen Herzogshauses sein musste, an einer solchen Ausnahmestellung keineswegs gelegen. Die Kombination der vermeintlichen österreichischen Vorrechte würde die Herzöge besser gestellt haben als die gerade erst in der Goldenen Bulle von 1356 exklusiv mit dem Königswahlrecht ausgezeichneten Kurfürsten. Zudem würde Karl IV. und nach ihm jeder weitere Reichsherrscher nahezu jede Möglichkeit verloren haben, Österreich als vollgültigen Bestandteil des Reiches in die Pflicht nehmen zu können.

Unter diesen Umständen war mit einer reibungslosen Bestätigung dieser Fälschungen nicht zu rechnen, und sie erfolgte auch nicht. Allerdings wurde die Verweigerung Karls IV. anders begründet: Der damals gerade am kaiserlichen Hofe weilende Humanist Francesco Petrarca (1304–74) fertigte im Auftrage des Kaisers ein Gutachten an, in dem er die angeblichen Urkunden Caesars und Neros einer vor allem philologisch vernichtenden Kritik unterzog. Mit diesen beiden Urkunden, deren historische Unhaltbarkeit mit sprachlichen Argumenten bewiesen wurde, brachen die wesentlichen Eckpfeiler aus der Begründung der vermeintlichen österreichischen Vorrechte heraus.

So eindeutig das Verdikt Petrarcas über das Privilegium Maius auch ausgefallen sein mag, es blieb ein Einzelfall. Mit der Wahl des Habsburgers Friedrich III. zum König im Jahre 1440 verschob sich das Interesse der Reichsspitze deutlich. Der Habsburger hatte, anders als sein luxemburgischer Vorgänger, keinerlei Interesse daran, die vermeintliche Sonderstellung Österreichs unter den Herzogtümern des Reiches zu bezweifeln. Anstandslose Bestätigungen des Privilegium Maius in den Jahren 1442 und – nach der Kaiserkrönung – 1453 zeigten, dass mittelalterliche Urkundenkritik in aller Regel zweckgebunden war und nur dort erfolgte, wo die politischen Umstände dies opportun erscheinen ließen.

Im 16. Jahrhundert und in der Folgezeit gerieten die vermeintlichen Normierungen des Privilegium Maius in die Kritik: Unter König Ferdinand I. (1531–64, Kaiser 1556) wurde 1545/46 ebenso die Unechtheit der Urkunden behauptet wie 1592 unter Rudolf II. (1575–1612, Kaiser 1576). Freilich hatten die nahezu ausschließlich habsburgischen Kaiser der Neuzeit kaum ein Interesse an einer systematischen Untersuchung der Urkunden. Als »österreichische Freiheitsbriefe« avancierten die Fälschungen des 14. Jahrhunderts zum integralen Bestandteil der historischen Identität des »Erz«-Herzogtums Österreich.

10.3 | Die Urkundenfälschungen des Georg Friedrich Schott

Die Häufigkeit von Urkundenfälschungen ging bereits im späten Mittelalter drastisch zurück. Urkunden waren längst zur Massenware geworden, wurden zunehmend durch Aktenüberlieferung begleitet und verloren deswegen an Bedeutung. Dieser Prozess setzte sich in der Frühen Neuzeit fort. Nach dem Ende des Alten Reiches hatten die meisten Urkunden vollends so viel an Rechtskraft verloren, dass nun keinerlei Anlass zur Fälschung mittelalterlicher Stücke bestand. Andere als rechtliche Anreize traten nun als Fälschungsmotive in den Vordergrund. Eines der wichtigsten Motive ist die gelehrte Eitelkeit. Sie dürfte auch für den 1823 gestorbenen Georg Friedrich Schott, Archivar der reichsfürstlichen Grafen von Salm-Kyrburg, ausschlaggebend geworden sein.

Unter die Tausende von Urkundenabschriften aus dem Mittelrheingebiet, die Schott überwiegend im letzten Viertel des 18. Jahrhunderts angefertigt hatte, mischte er offenkundig bedenkenlos Dutzende von Urkundentexten, die er selber erfunden hatte und die sich deswegen nur in seinen Abschriften überliefert finden. Darunter befinden sich nicht weniger als 28 erfundene Kaiser- und Königsurkunden, die angeblich zwischen 868 und 1257 ausgestellt worden und deren Empfänger vor allem die Klöster Bleidenstadt (5 Urkunden) und St. Alban bei Mainz (7 Urkunden) gewesen sein sollen.

Eine umfangreiche Untersuchung des überlieferten Abschriftenbestandes Schotts hat 1904 dieses Ergebnis zu Tage gefördert. Sie zeigt gleichzeitig, wie man solche modernen Fälschungen methodisch angehen kann: Unter den Abschriften waren solche, zu denen die Originale vorhanden waren, andere, zu denen weitere Abschriften an anderen Orten nachweisbar waren, aber auch derjenige Kern an verdächtigen Urkunden, der nur bei Schott überliefert war. Vielfach erwies es sich als unmöglich, hierzu auch nur die Urkundenbestände ausfindig zu machen, aus denen die Abschriften hätten genommen worden sein können; zu viel war in den Wirren der Jahre um 1803/06 verloren gegangen.

Unter diesen Umständen wurde die Untersuchung von Formular und Sprachstil der vermeintlich mittelalterlichen Urkunden zum zentralen Punkt. So sehr sich Schott auch um Plausibilität des Rechtsinhaltes der einzelnen Urkunden bemüht hatte, so sehr waren ihm bei der Umsetzung in Urkundentexte Anachronismen unterlaufen und stilistisch unpassende Ausdrücke ungeprüft durchgegangen. Diese, im Einzelnen mitunter schwer nachweisbaren handwerklichen Fehler des Fälschers erlaubten es, in den Schottschen Urkundenabschriften enthaltene Fälschungen als solche zu enttarnen. Freilich waren ebendiese Fälschungen noch wenige Jahrzehnte vorher, von niemand Geringerem als Theodor Sickel (→ Kapitel 2) in dessen Editionen der ottonischen Königs- und Kaiserurkunden als echt bezeichnet worden: ein deutlicher Hinweis auf die Perfektionierung der Urkundenkritik gerade in der zweiten Hälfte des 19. Jahrhunderts. »Dieser kaum über die Grenzen seiner Heimath bekannt gewordene Mann [kann] Anspruch auf den freilich nicht beneidenswerthen Ruhm machen (...), für einen der geschicktesten und (...) auch der Masse seiner Fabrikate nach fruchtbarsten modernen Urkundenfälscher gehalten zu werden,« beschloss Hans Wibel 1904 einen umfangreichen Aufsatz über die Fälschungen Schotts.

Neuzeitliches Urkundenwesen

Nach einer üblichen Gegenüberstellung gilt das Mittelalter als Urkundenzeitalter, die Neuzeit als Aktenzeitalter. Gemeint ist damit die Tatsache, dass die schriftliche Überlieferung aus dem Mittelalter – näherhin bis etwa 1450 – von Urkunden bestimmt ist. Gemeint ist aber nicht, dass es keine mittelalterlichen Akten gibt. Für die Neuzeit gilt umgekehrt, dass die schriftliche Überlieferung etwa seit 1450 zunehmend von Akten bestimmt wird, ohne dass damit Urkunden verschwunden wären. Ganz im Gegenteil: »*Der Weg zur Urkunde ist mit Aktenstücken gepflastert*« (Heinrich Otto Meisner, Urkunden- und Aktenlehre, S. 18).

Aus dieser Gegenüberstellung ergibt sich eine Reihe erster Überlegungen zum Charakter der schriftlichen Überlieferung der Neuzeit. Sie sollen im Sinne eines Abrisses einer neuzeitlichen Urkundenlehre hier zusammengestellt werden, ohne dass damit der Anspruch erhoben werden könnte, eine im gleichen Umfang durchgearbeitete Urkundenlehre der Neuzeit sei gleichermaßen sinnvoll wie eine Urkundenlehre des Mittelalters. Vielmehr sollte die neuzeitliche Urkundenlehre bewusst als Teil der Aktenlehre begriffen werden. Urkunden erscheinen in der Neuzeit nicht selten im Verbund mit den vorangehenden Aktenschriftstücken und sind ohne sie historisch nur eingeschränkt interpretierbar.

Ähnlich wie für das Mittelalter, jedoch noch in ihrer Bedeutung verstärkt, gilt für die neuzeitlichen Urkunden die Tatsache, dass es sich fast ausschließlich um dispositive Urkunden handelt (→ Kapitel 3), also Urkunden, die ihrerseits neues Recht setzen und nicht lediglich Zeugnis von vorangegangenen Rechtsgeschäften mündlicher oder symbolischer Natur ablegen. Dies bedeutet theoretisch wie praktisch, dass die bloße Existenz von neuzeitlichen Urkunden wenig bis nichts über die tatsächliche Wirksamkeit und Geltung ihrer Inhalte aussagt. Aufgabe historischer Forschung ist es deswegen insbesondere bei neuzeitlichen Urkunden, die Kongruenz oder Inkongruenz des Urkundeninhaltes und der historischen Realität zu überprüfen.

Dagegen spielt im neuzeitlichen Urkundenwesen die Ermittlung von Echtheit oder Fälschung, das *discrimen veri ac falsi* (→ Kapitel 2), keine für die Bewertung der Quellen allein ausschlaggebende Rolle mehr. Gefälschte neuzeitliche Urkunden sind zwar nicht nur denkbar, sondern im Einzelfall durchaus auch nachweisbar, jedoch machen es die Spezifika der neuzeitlichen Aktenführung deutlich schwerer, mit Aussicht auf Erfolg Urkunden zu fälschen: Urkunden stehen, anders als im Mittelalter, nicht mehr für sich alleine, sondern sind zumeist im Zusammenhang mit vorbereitenden oder mit durchführenden Akten überliefert, aus denen sich die Entstehung oder die Wirksamkeit formal wie inhaltlich rekonstruieren lässt. Deswegen würde die Fälschung neuzeitlicher Urkunden mindestens auch die Fälschung ihres Entstehungszusammenhanges voraussetzen.

Wie im Mittelalter, so besitzt auch in der Neuzeit die Urkunde einen im Grundsatz stabilen, in vielen Details aber abänderlichen Aufbau. Die Aufeinanderfolge von Eingangsprotokoll, Text und Eschatokoll (→ Kapitel 6) findet sich auch in neuzeitlichen Urkunden jederlei Art. Anders als bei mittelalterlichen Urkunden ist hier jedoch die terminologische Unterscheidung in Kaiser- und Königsurkunden, Papsturkunden und Privaturkunden nicht mehr sinnvoll anwendbar. Vielmehr wird man die neuzeitliche Überlieferung

- in systematischer Hinsicht in Schriftstücke der Überordnung, der Gleichordnung und der Unterordnung,
- in genetischer Hinsicht in die verschiedenen, dem Mittelalter im Grundsatz durchaus vertrauten Entstehungsstufen (→ Kapitel 4) sowie

– in analytischer Hinsicht unter Berücksichtigung ihrer inneren Merkmale (→ Kapitel 6)

einteilen. Der systematische Ort für eine solche Abhandlung ist eine Darstellung der Aktenkunde der Neuzeit, innerhalb derer jeweils auch das neuzeitliche Urkundenwesen behandelt wird.

An zwei neuzeitlich sehr verbreiteten Schriftgutarten können diese allgemeinen Darlegungen beispielhaft verdeutlicht werden: am Gesetz und am zwischenstaatlichen Vertrag. Systematisch stellt das Gesetz ein Schriftstück der Überordnung dar, insofern der jeweilige Gesetzgeber zum Erlassen des Gesetzes berechtigt ist und die ihm Unterworfenen zu dessen Befolgung verpflichtet sind. Die letzte Entstehungsstufe des Gesetzes, die Ausfertigung durch die dazu bestimmte Person oder Institution, hat »Gesetzeskraft«, setzt also für die Zukunft neues Recht. Sie beginnt nicht selten mit Eingangsformeln, die der Invocatio und der Intitulatio mittelalterlicher Urkunden verwandt sind und die das Handeln des namentlich genannten Gesetzgebers unter eine höhere Autorität stellen sollen. Beispielhaft kommt dies in der Präambel zum Grundgesetz der Bundesrepublik Deutschland zu Ausdruck: *Im Bewußtsein seiner Verantwortung vor Gott und den Menschen, von dem Willen beseelt, als gleichberechtigtes Glied in einem vereinten Europa dem Frieden der Welt zu dienen, hat sich das Deutsche Volk kraft seiner verfassungsgebenden Gewalt dieses Grundgesetz gegeben (...).* Das Gesetz als Urkunde schließt deswegen üblicherweise mit Angaben über den Gültigkeitsbeginn, über den Gesetzgeber bzw. den dazu vorgesehenen und ermächtigten Vertreter und mit einer Beglaubigung durch Unterschrift und/oder Siegel.

Ähnliches gilt für zwischenstaatliche Verträge, die als Schriftstücke der Gleichordnung zwischen einander prinzipiell gleichgestellten Vertragspartner abgeschlossen werden. Auch in diesen Verträgen, etwa internationalen Friedens- oder Schiedsverträgen, wird die juristisch für die Beteiligten unabdingbar festgehaltene Gesetzeskraft betont, werden die von den Beteiligten geführten Selbstbezeichnungen ihrer Ämter, Institutionen usw. genannt und die gegenseitig vereinbarten Inhalte in juristisch eindeutiger Weise geregelt. Unterschriften und Siegel dienen auch hier der Beglaubigung.

Im Unterschied zu den meisten mittelalterlichen Urkunden sind bei neuzeitlichen Urkunden im Regelfall auch die vorbereitenden Schriftstücke erhalten, im Falle des Grundgesetzes der Bundesrepublik Deutschland beispielsweise die Protokolle des Parlamentarischen Rates oder der Beratungen in den Landtagen der Bundesländer.

Seit der Neuzeit – untrennbar verknüpft mit dem massenhaften Aufkommen des Buchdrucks – werden Urkunden allgemeinen Interesses vervielfältigt. Das gilt für Gesetze und Verordnungen, aber auch – unter Berücksichtigung des Geheimschutzes – auch für zwischenstaatliche Verträge. Streng genommen, haben nicht diese Vervielfältigungen selber, sondern nur die jeweiligen Urschriften Gesetzeskraft. Freilich wird angesichts des zunehmenden Machtanspruches des frühmodernen Staates nach innen wie nach außen von den Staatsbürgern auch die Befolgung einer ihnen im Einzelfall nicht im Original vorzulegenden Urkunde erwartet.

Diplomatik –
eine historische Kulturwissenschaft?

Die zunehmende Bedeutung kulturwissenschaftlicher Fragestellungen in der Geschichtswissenschaft hat in den letzten Jahrzehnten ebenso zu einem veränderten Blick auf klassische Quellengruppen geführt wie zu neuen Ansätzen bei ihrer Interpretation. Ein Beispiel aus der allgemeinen Mittelalterforschung soll das belegen: Werke der mittelalterlichen Geschichtsschreibung wie etwa die sogenannten »Fränkischen Reichsannalen« der Karolingerzeit galten für ganze Generationen der Mediävistik vorwiegend, wenn nicht ausschließlich als Informationsquellen für die Abläufe der politischen Geschichte im 8./9. Jahrhundert. Der cultural turn – so die aus dem Amerikanischen stammende Bezeichnung für die Hinwendung der Geschichtswissenschaft zu kulturwissenschaftlichen Fragen und Methoden – brachte und bringt es mit sich, dieselben Quellen als Hinweise auf Kommunikationswege und -strukturen zwischen den Großen des Reiches zu lesen, sie auf die Raumerfassung der karolingischen Könige durch ihre Reiseherrschaft zu untersuchen oder nach den interkulturellen Kontakten zu Juden und Muslimen zu fragen.

Die Neue Kulturgeschichte – ein Begriff, der die derzeitige von einer »Alten« Kulturgeschichte der Jahrhundertwende vom 19. zum 20. Jahrhundert unterscheiden soll – ist ein ausgesprochen facettenreiches und vielfältiges Gebäude aus verschiedensten theoretischen Vorannahmen und praktischen Umsetzungen. Noch besteht trotz vielfältiger Ordnungsversuche in Überblickswerken der Jahre seit etwa 2000 keine Übereinkunft darüber, welche Bereiche zum Kern der Neuen Kulturgeschichte zu zählen seien. Vielmehr führt eine rasche Abfolge, zum Teil eine Parallelisierung verschiedenster, einander durchaus auch gegenseitig ausschließender, kulturwissenschaftlich begründeter Fragestellungen (sog. turns) zu einer erheblichen Unsicherheit und macht eine Orientierung in diesem Forschungsfeld alles andere als leicht.

Wendet man Fragestellungen der Neuen Kulturgeschichte auf mittelalterliche Urkunden als Quellengruppe an, dann kann es folgerichtig nicht darum gehen, die Bedeutung kulturwissenschaftlichen Denkens und Arbeitens im Allgemeinen zu ergründen. Ziel muss es bleiben, konkrete Anwendungsmöglichkeiten aufzuzeigen, vor allem aber einerseits die Frage zu beantworten, in welcher Weise das Studium von Urkunden zu kulturgeschichtlicher Erkenntnisbildung beitragen kann, andererseits aber auch zu bedenken, ob kulturwissenschaftliche Fragestellungen und Methoden für die Erkenntnisinteressen der Urkundenforschung überhaupt sinnvoll heranzuziehen sind.

12.1 | Urkunden und die Zeitkultur

Urkunden tragen im Allgemeinen Datierungen (→ Kapitel 6). Damit wird nachgewiesen, zu welchem Zeitpunkt die Rechtsgeschäfte ausgehandelt (»Actum«) und/oder die Urkunden niedergeschrieben wurden (»Datum«). Abgesehen von den speziellen Fragestellungen nach dem Verhältnis zwischen Actum und Datum und den möglicherweise langen, zwischen beiden Vorgängen anzunehmenden Zeitspannen wird durch diese Angaben die Urkunde in der Zeit verankert und einem bestimmten Zeitpunkt oder Zeitraum zugeordnet.

Die klassische Diplomatik hat Datierungen von Urkunden in vielen Fällen vorwiegend als Hinweise auf den jeweiligen Aufenthaltsort ihrer Aussteller zu einem bestimmten Zeitpunkt angesehen und sie in deren Itinerar – den Reiseverlauf – einzugliedern versucht. Dabei wurden und werden Datierungen dann als problematisch angesehen und näher untersucht, wenn sie sich in einen nachvollziehbaren Reiseverlauf nicht eingliedern lassen, während die unproblematische Passung zu einem ansonsten bekannten und gut begründeten Itinerar eines Urkundenausstellers als eines der Echtheitszeichen angesehen wird.

Seit mehr als einer Generation nun haben Urkundenforscher darauf hingewiesen, dass es auffallende Urkundendatierungen gibt, die Rückschlüsse auf besondere Beurkundungsgewohnheiten der Aussteller erlauben. Sogenannte »politische« Datierungen stellen einzelne Urkunden in besondere gedankliche Zusammenhänge: Datierungen auf hohe Feiertage im Kirchenjahr (Ostern, Pfingsten, Weihnachten, Christus- und Marienfeiertage, Apostelfeste u. a.) deuten darauf hin, dass die Ausstellung von Urkunden immer auch eine sakrale Handlung gewesen ist und parallel zu Sakralhandlungen mittelalterlicher Herrscher stattfinden konnte. Damit wurde den Urkunden und den in ihnen verbürgten Rechtsinhalten eine sichtbar aus dem Alltag der Welt herausgehobene Bedeutung zugewiesen. Die Einordnung von Urkundendaten in das Kirchenjahr wird auf diese Weise zu einer Möglichkeit, den besonderen Wert dieser Schriftzeugnisse in einer überwiegend mündlichen Kommunikationsumgebung herauszuheben.

12.2 | Urkunden und die Kultur der Schriftlichkeit bzw. Mündlichkeit

Das Mittelalter ist eine in unterschiedlichem Ausmaße schriftarme Periode. Es ist allgemein anerkannt, dass die Verbreitung von Schrift als Medium sowie von Schreib- bzw. Lesefertigkeiten als kultureller Fähigkeit während dieses Jahrtausends zeitlich wie regional erhebliche Unterschiede aufwies. Dabei ist jedoch unstrittig, dass zu allen Zeiten der absolut überwiegende Teil der mittelalterlichen Menschheit schriftlos lebte. In einer überwiegend schriftlosen, mindestens schriftarmen Umgebung bedurften Schriftzeugnisse einerseits einer besonderen Begründung: Warum werden Vorgänge verschriftlicht, ohne dass ein größerer Teil der Bevölkerung dieses Medium verstehen konnte? Andererseits genießen Schriftzeugnisse in einer solchen Umgebung eine über den Inhalt womöglich hinausgehende Anerkennung als unverstehbare Medien. Der Begriff des »Schriftzaubers«, der sich in älteren Arbeiten der Ethnologie verbreitet findet, steht für diese Bedeutungszuweisung.

Seit langem ist in der Urkundenforschung bekannt, dass den Urkunden eine besondere Stellung zwischen Schriftlichkeit, Mündlichkeit und Ritualen zukommt. In denjenigen Klauseln von Urkunden, die die Veröffentlichung des Rechtsinhaltes ankündigen (Promulgatio/Publicatio, → Kapitel 6), ist oftmals die Rede davon, dass der Urkundeninhalt allen denjenigen bekannt gemacht werden soll, die ihn »lesen oder hören«. Es besteht keinerlei Grund dafür, in hochgradig technisch formulierten Texten, wie es Urkunden nun einmal sind, diese Formulierung nicht ernstzunehmen: Urkunden wurden nicht nur von denen gelesen, die lesen konnten, sondern sie wurden auch denen vorgelesen, die selber eben nicht zu lesen vermochten.

Das mündliche Vortragen von Urkunden geht noch aus einer anderen, etwas stärker verborgenen Eigenschaft hervor. Insbesondere päpstliche Urkunden, aber auch manche Diplome weltlicher Herrscher weisen Elemente sogenannter Reimprosa sowie rhythmische Satzschlüsse auf, die man als »Cursus« bezeichnet. Alliterationen – mehrfach nacheinander gleiche Buchstaben an den Wortanfängen – und aufeinander gereimte Wort- bzw. Satzenden ergeben in der Verbindung mit den rhythmisierten Satzenden der verschiedenen Varianten des Cursus eine eindringliche melodische Sprachstruktur, die erst im mündlichen, gesprochenen Vortrag der Urkunden zur vollen Geltung kommt. Urkunden sind, so gesehen, sprachlich auch Zeugnisse pragmatischer Mündlichkeit, nicht nur der Schriftlichkeit.

12.3 | Urkunden und die performativen Akte der Erinnerungskultur

Dispositive Urkunden regeln Rechtsgeschäfte, die in der Zukunft wirksam werden sollen, während mit den Notitiae nachträgliche Aufzeichnungen über bereits stattgefundene rechtliche Vorgänge vorliegen (→ Kapitel 3). Diese rein juristische Unterscheidung verstellte lange Zeit den Blick dafür, dass Urkunden welcher Art auch immer gleichzeitig Zeugnisse der Erinnerungskultur sein konnten. Diese Erinnerungskultur fand und findet zu allen Zeiten ihren Ausdruck auch in performativen Akten. Gemeint ist das offensichtlich übliche Zusammenwirken schriftlicher, mündlicher und ritueller Vorgänge – letztere teilweise mit liturgischem Charakter – bei rechtswirksamen Vorgängen, vor allem im frühen und hohen Mittelalter. Idealtypisch zeigt sich das bei Schenkungen an manche geistlichen Institutionen: Die schriftlich aufgesetzte Schenkungsurkunde wurde zunächst verlesen, dann im Rahmen einer Messe auf dem Altar niedergelegt. Damit wurde rituell gewissermaßen die Schenkung an den Heiligen vollzogen.

Aus dem Blickwinkel einer ausschließlich am Performativen interessierten Kulturgeschichte kommt Urkunden, anders als von der Urkundenforschung behauptet und nachgewiesen, eben eine lediglich performative Funktion zu. Sie dienten als materiell sichtbare und zeremoniell einsetzbare Materialisierungen der betroffenen Objekte: »A charter was used in performance and recorded a performance so that an event was reconstituted to perpetually recreate its actions« (Koziol, Politics S. 47). Auf das Engste mit der sichtbaren Darstellung der Rechtsvorgänge verknüpft, enthalten Urkunden deswegen notwendigerweise Erzählungen auch der rituellen Vorgänge, mit denen sie sachlich verknüpft waren: der Übergabe von Besitz oder Rechten, der Privilegierung einer Institution, des abgeschlossenen Vertrages.

Diese kulturwissenschaftliche Sichtweise ist in der Urkundenforschung umstritten. Sie zeigt, wie ungemein weit entfernt voneinander die kulturalistische und die rechts- bzw. verfassungsgeschichtliche Sichtweise auf Urkunden als Schriftzeugnisse liegen können. Dagegen rückt die Urkundenforschung eine Sichtweise in das Zentrum, nach der Urkunden vorwiegend Zeugnisse der Erinnerung an Vorgänge rechtlicher Natur sein sollen. Die berühmte Gelnhäuser Urkunde des Jahres 1180, mit der Herzog Heinrich der Löwe von Bayern und Sachsen seine beiden Herzogtümer verlor, hat nicht ohne Grund eine ungemein lange und nicht bis ins Letzte verständliche Narratio als Kernbestandteil, in der die rechtlichen Schritte wiedergegeben werden, die zum Ergebnis der Absetzung führten. Zahllose andere Herrscherdiplome erinnern durch die Nennung von Intervenienten, später von Urkundenzeugen an die Vorgänge, die zu ihrer Ausstellung führten. Damit sind sie wesentliche Substrate des kollektiven Gedächtnisses, das alle Beteiligten und Betroffenen eines rechtlichen Vorganges an diesen schriftlich niedergelegten Quellen immer wieder überprüfen konnten. Die Verwendung einmal ausgestellter Urkunden und ihres Wortlautes für die Neuausstellung späterer Urkunden spricht dafür, dass die Erinnerung an die einmal schriftlich niedergelegten Rechtsvorgänge wach war und eingesetzt wurde.

12.4 | Urkunden und die Bildwissenschaft

Seit der namengebenden ersten Abhandlung aus der Feder von Jean Mabillon ist die Diplomatik eine Bildwissenschaft gewesen, und sie ist es bis in die Gegenwart geblieben. Die Auseinandersetzung mit der »Urkunde als Kunstwerk«, als einem Bild mit mehr oder weniger festen Regeln des Layouts und der Gestaltung seiner Fläche hatte bereits im 18. Jahrhundert zu einer teilweise opulenten Bebilderung der Standardwerke zur Diplomatik geführt. Dabei hatte die Bebilderung, wie das vergleichsweise und gleichzeitig etwa auch für Veröffentlichungen zur Klassischen Archäologie oder zur Wappenkunde gilt, immer mehr als bloßen Illustrationscharakter. Urkundenabbildungen in Veröffentlichungen zur Diplomatik sind wissenschaftliche Belege, liefern bis heute die Nachweise für grundlegende Feststellungen zu den sogenannten äußeren Merkmalen der Urkunden (→ Kapitel 5) und zeigten von allem Anfang an, also seit nun mehr als 300 Jahren, dass die Kenntnis und die Verfügbarkeit dieser Abbildungen die unmittelbare Voraussetzung für den Erkenntnisgewinn der Urkundenforscher darstellte.

Wissenschaftsgeschichtlich wichtig und folgenreich sind die Veränderungen der Druck- und Fototechnik, die den Abbildungen unterschiedlicher Zeiten zugrundelag: Den Anfang machten seit dem 17. Jahrhundert Kupferstiche, die auf Nachzeichnungen der Urkunden beruhten. Dadurch entstanden Fehlermöglichkeiten in zwei Stufen: zum einen durch unzureichende bis falsche Abzeichnungen der Urkunden durch die Kopisten, zum anderen durch gleichermaßen fehlerhafte Umsetzung der Nachzeichnungen durch die Stecher der Kupferplatten. Mit dem Aufkommen des deutlich billigeren Stahlstichs im 19. Jahrhundert und wenig später der Tiefdruckverfahren änderte sich die Problematik nicht wesentlich. Erst die wissenschaftlich eingesetzte Fototechnik, erstmals im deutschen Sprachraum bei dem monumentalen Tafelwerk der »Kaiserurkunden in Abbildungen« (1880–91) umfassend eingesetzt, schuf eine neue Qualität der Abbildungen: Aufnahmen auf großformatigen Fotoplatten wurden im Lichtdruck zu Papier gebracht und erreichten bis dahin unbekannte Grade der Auflösung und Detailtreue. Trotz der Weiterentwicklung fototechnischer Verfahren gelang es bis zur zweiten Jahrtausendwende nicht, die fotografischen Standards der Jahrzehnte um 1900 zu übertreffen, ja auch nur zu erreichen. Erst die aktuellen Möglichkeiten der Digitalfotografie und der Speicherung hochauslösender Abbildungen in den Dateiformaten .JPG oder .TIFF, kombiniert mit einer Perfektionierung der Drucktechniken, lassen nun für viele Fragestellungen den Verzicht auf die Autopsie der Originalurkunden vertretbar erscheinen.

Parallel zur Qualitätsverbesserung der Abbildungen und ihrer weiter gestreuten Verfügbarkeit entwickelte sich in der Diplomatik ein neues Verständnis für die Aussagekraft der äußeren Merkmale. Grundlegend für diese Forschungsrichtung wurden die Denkanstöße des Schweizer, in Marburg lehrenden Diplomatikers Peter Rück (1934–2004). Unter dem Einfluss von Fragestellungen der philosophischen Zeichentheorie (Semiotik) entwickelte Rück seit den 1980er Jahren – nicht zufällig übrigens annähernd gleichzeitig mit dem Erscheinen von Umberto Ecos Roman »Il nome della rosa« (1980) – eine diplomatische Semiotik und versuchte, insbesondere die äußerlich sichtbare Gestalt der Urkunden als ein System von kommunikativen Codes zu begreifen. Konkret bedeutete das, dass Rück und seine Schüler Fragen der Schriftgestaltung untersuchten, die Formate von Urkunden als Hinweise auf ihre besondere repräsentative Bedeutungszuweisung interpretierten, die graphischen Symbole der Urkunden – vom Chrismon bis zum Rekognitionszeichen – in Bezug zur Herrscherideologie des Mittelalters setzten und letztlich eben »die Urkunde als Kunstwerk« betrachteten, wie eine der bekanntesten Veröffentlichungen Rücks aus dem Jahre 1991 betitelt war.

Der Ansatz der diplomatischen Semiotik war von Anfang an und blieb bis in die Gegenwart hinein alles andere als unumstritten. Die Interpretationen ihrer Anhänger erwiesen sich als so hochgradig komplex, dass Fragen nach der tatsächlichen Verständlichkeit bzw. Reproduzierbarkeit der vermuteten Codes bis heute ähnlich unbeantwortet blieben, wie das vergleichsweise auch für die kunsthistorische Ikonologie angenommen werden darf. Rücks Annahmen beruhten nahezu ausnahmslos auf einer umfassenden Kenntnis mittelalterlicher Geistes-, Ideen- und Theologiegeschichte, die kaum bei allen Rezipienten gleichermaßen unterstellt werden darf.

Dennoch ist der unmittelbare Zusammenhang zwischen Urkunden und ihrer Erforschung einerseits und den Methoden einer auf detaillierter Interpretation des Sichtbaren aufbauenden Bildwissenschaft im Sinne Hans Beltings evident, die ihrerseits den iconic turn der Neuen Kulturgeschichte vorwegnahm. Die Urkunden als Gegenstandsbereich und die Diplomatik als Wissenschaftsdisziplin steuern zur interdisziplinären Bildwissenschaft einerseits ein gewaltiges Untersuchungscorpus bei und liefern andererseits ein Methodeninstrumentarium, das vergleichende Forschungen auf dem Gebiet des mittelalterlichen Umgangs mit Bildern ermöglicht.

Abbildungsnachweise

Abb. 1: Forschungsinstitut Lichtbildarchiv älterer Originalurkunden, Philipps-Universität Marburg (im Weiteren abgekürzt als LBA Marburg), Zugangsnummer 8538.
Abb. 2: LBA Marburg, Zugangsnummer 10053.
Abb. 3: Landesarchiv Nordrhein-Westfalen – Abteilung Westfalen Prämonstratenserinnenkloster Dortmund – Urkunden Nr. 6.
Abb. 4: LBA Marburg, Zugangsnummer 10340.
Abb. 5: LBA Marburg, Zugangsnummer 1505.
Abb. 6: LBA Marburg, Zugangsnummer 11895.
Abb. 7: LBA Marburg, Zugangsnummer 4437.
Abb. 8: Staatsarchiv Bremen 1-By 1225 Nov. 15.
Abb. 9: Stadtarchiv Braunschweig A I 1:747/4.
Abb. 10: Archiv der Hansestadt Lübeck 7.1-1/05 Soldquittungen 99.

Literatur, Quellen, Internetadressen

Allgemeines, Handbücher und Überblicksdarstellungen

HARRY BRESSLAU: Handbuch der Urkundenlehre für Deutschland und Österreich, 2 Bde., Berlin ²1912–1931 (= ³1958 = ⁴1968/69), Register zur zweiten und dritten Auflage, Berlin 1960.

MICHEL DE BOÜARD: Manuel de diplomatique française et pontificale, 2 Bde. und Abb., Paris 1929–1952.

GEORGES TESSIER: Diplomatique royale française, Paris 1962.

LEO SANTIFALLER: Urkundenforschung, Weimar 1937, Köln/Graz ⁴1986.

LEXIKON DES MITTELALTERS, 9 Bände, München/Zürich 1980–1998 *(zahlreiche Artikel zu Einzelthemen der Urkundenlehre).*

OLIVIER GUYOTJEANNIN / JACQUES PYCKE / BENOÎT-MICHEL TOCK: Diplomatique médiévale (L'atelier du médiéviste 2), Turnhout 1993.

PAULUS RABIKAUSKAS: Diplomatica pontificia, Rom ⁵1994.

THOMAS FRENZ: Papsturkunden des Mittelalters und der Neuzeit (Historische Grundwissenschaften in Einzeldarstellungen 2), Stuttgart ²2000.

GEORG VOGELER: Digitale Diplomatik (Archiv für Diplomatik, Schriftgeschichte, Siegel- und Wappenkunde. Beiheft 12), Köln 2009.

REINHARD HÄRTEL: Notarielle und kirchliche Urkunden im frühen und hohen Mittelalter, Wien 2011.

Die unverzichtbaren deutschsprachigen laufenden Fachzeitschriften zur Diplomatik sind:

Deutsches Archiv für Erforschung des Mittelalters 8, 1951 ff. *(mit umfangreichem Rezensionsteil), digital abrufbar unter* http://www.mgh.de/deutsches-archiv/deutsches-archiv-digital/
Archiv für Diplomatik, Schriftgeschichte, Siegel- und Wappenkunde 1, 1956 ff.
Mitteilungen des Instituts für Österreichische Geschichtsforschung 1, 1880 ff.

Kapitel 1: Gedruckte und internetgestützte Abbildungswerke mittelalterlicher Urkunden

Ein umfassendes und laufend aktualisiertes Verzeichnis von Abbildungen bietet:
IRMGARD FEES: Abbildungsverzeichnis europäischer Königs- und Kaiserurkunden, http://www.hgw-online.net/abbildungsverzeichnis/.

Das älteste, wegen der damals wie heute beeindruckenden Qualität der Abbildungen immer noch nützliche Tafelwerk:
HEINRICH VON SYBEL / THEODOR SICKEL (Hg.): Kaiserurkunden in Abbildungen, 11 Lieferungen mit Tafeln und ergänzender Textband, Berlin 1880–1891, *digital unter:* http://geschichte.digitale-sammlungen.de/kaiserurkunden/online/angebot.

Abbildungen aller weltweit erhaltenen lateinischen Originalurkunden bis zum 9. Jahrhundert erfasst das monumentale Werk der
Chartae latinae antiquiores, bisher 109 Bde., Dietikon bei Zürich 1954–2015 ff. –
Digitale Suche in den gedruckten Bänden: http://www.urs-graf-verlag.com/index.php?funktion=chla_suche

Für den deutschen Sprachraum unverzichtbar ist die Sammlung des Lichtbildarchivs älterer Originalurkunden bis 1250 der Universität Marburg, von dem der größte Teil bereits digitalisiert zur Verfügung steht: http://lba.hist.uni-marburg/lba/. Digitale Urkundenbilder aus diesen Beständen werden auszugsweise auch gedruckt veröffentlicht; Informationen darüber: http://www.uni-marburg.de/fb06/mag/lba/veroeffentlichungen/urkundenbilder.

Die französische Entsprechung dazu ist die Datenbank der Chartes originales antérieures à 1121 conservées en France (http://www.cn-telma.fr/originaux/index/) mit der Fortsetzung bis 1220 (http://www.cn-telma.fr/originaux2/index/).

Beispielhaft für die Erschließung archivischer Urkundenfonds in der Kombination von Regestierung, Abbildung und Kommentierung sind die im Hessischen Staatsarchiv Marburg bearbeiteten Fonds der Benediktinerklöster Fulda und Hersfeld: https://arcinsys.hessen.de/arcinsys/detailAction.action?detailid=b1087 (Fulda) bzw. https://arcinsys.hessen.de/arcinsys/detailAction.action?detailid=b1093 (Hersfeld). – Viele andere Archive unterhalten digitale Angebote zu ihren Urkundenbeständen, allerdings meist auf inhaltlich wie technisch bescheidenerem Niveau.

Ein kollaboratives, vom Anspruch her europaweites virtuelles Urkundenarchiv bietet http://icar-us.eu/cooperation/online-portals/monasterium-net/ mit derzeit mehr als 500.000 Objekten, viele von ihnen in Abbildung, allerdings mit unhandlicher Suchfunktion und in der Zusammensetzung der Inhalte stark von den Kooperationspartnern abhängig, zu denen in Deutschland gerade bedeutende Archive nicht gehören.

Kapitel 2: Die Geschichte der Diplomatik als Wissenschaft.
Vom discrimen veri ac falsi zur modernen Semiotik

Der namengebende Klassiker der Diplomatik, Jean Mabillons »De re diplomatica«, steht in der zweiten Auflage von 1709 in einer beispielhaften Digitalisierung in Zusammenarbeit mit der Staatsbibliothek zu Berlin – Preußischer Kulturbesitz im Internet: http://www.x0b.de/mabillon.

RICHARD ROSENMUND: Die Fortschritte der Diplomatik seit Mabillon vornehmlich in Deutschland-Österreich (Historische Bibliothek 4), München/Leipzig 1897.
HARRY BRESSLAU: Geschichte der Monumenta Germaniae historica (Neues Archiv der Gesellschaft für ältere deutsche Geschichtskunde 42), Hannover 1921.
HENRI LECLERQ: Dom Jean Mabillon, 2 Bde., Paris 1953–1957.
CARLRICHARD BRÜHL: Die Entwicklung der diplomatischen Methode im Zusammenhang mit dem Erkennen von Fälschungen, in: Fälschungen im Mit-

telalter, Bd. 3 (Monumenta Germaniae Historica. Schriften 33/III), Hannover 1988, S. 11–27.

PETER RÜCK: Historische Hilfswissenschaften nach 1945, in: Peter Rück (Hg.), Mabillons Spur. (…) Zum 80. Geburtstag von Walter Heinemeyer, Marburg 1992, S. 1–20.

HEINRICH FICHTENAU: Diplomatiker und Urkundenforscher, in: Mitteilungen des Instituts für Österreichische Geschichtsforschung 100, 1992, S. 9–49.

PETER G. TROPPER: Urkundenlehre in Österreich vom frühen 18. Jahrhundert bis zur Errichtung der »Schule für Österreichische Geschichtsforschung« 1854 (Publikationen aus dem Archiv der Universität Graz 28), Graz 1994.

HORST FUHRMANN: »Sind eben alles Menschen gewesen«. Gelehrtenleben im 19. und 20. Jahrhundert, München 1996.

Landesarchiv Speyer (Hg.): Der Gatterer-Apparat (Patrimonia 119), Speyer 1998.

PETER RÜCK, Fünf Vorlesungen für Studenten der Ecole des chartes, Paris, I. Die Urkunde als Kunstwerk, in: Arbeiten aus dem Marburger hilfswissenschaftlichen Institut, hg. von Erika Eisenlohr und Peter Worm (elementa diplomatica 8), Marburg 2000, S. 243–260 (erstmals 1991).

MARTIN GIERL, Geschichte als präzisierte Wissenschaft. Johann Christoph Gatterer und die Historiographie des 18. Jahrhunderts im ganzen Umfang, Stuttgart-Bad Cannstatt 2012.

Kapitel 3: Die Entwicklung des Urkundenwesens von der Spätantike bis ins frühe Mittelalter

HEINRICH BRUNNER: Zur Rechtsgeschichte der römischen und germanischen Urkunde, Bd. 1, Berlin 1880.

HAROLD STEINACKER: Die antiken Grundlagen der frühmittelalterlichen Privaturkunde (Grundriß der Geschichtswissenschaft. Ergänzungsband 1), Leipzig/Berlin 1927.

HAROLD STEINACKER: ›Traditio cartae‹ und ›traditio per cartam‹. Ein Kontinuitätsproblem, in: Archiv für Diplomatik 5/6, 1959/60, S. 1–72.

PETER CLASSEN: Kaiserreskript und Königsurkunde. Diplomatische Studien zum Problem der Kontinuität zwischen Antike und Mittelalter (Byzantina Keimena kai Meletai 15), Thessaloniki 1977 (= Diss. phil. Göttingen 1950).

PETER CLASSEN: Fortleben und Wandel spätrömischen Urkundenwesens im frühen Mittelalter, in: Recht und Schrift im Mittelalter, hg. von Peter Classen (Vorträge und Forschungen 23), Sigmaringen 1977, S. 13–54.

PETER JOHANEK: Zur rechtlichen Funktion von Traditionsnotiz, Traditionsbuch und früher Siegelurkunde, in: Recht und Schrift im Mittelalter, hg. von Peter Classen (Vorträge und Forschungen 23), Sigmaringen 1977, S. 131–162.

Kapitel 4: Die Entstehung der Urkunden. Vom Wunsch nach Beurkundung bis zur Aushändigung an den Empfänger

Zu diesem Kapitel sind die editorischen Einleitungen der Diplomata-Editionen der Monumenta Germaniae Historica jeweils hinzuzuziehen.

THEODOR VON SICKEL: Beiträge zur Diplomatik, 8 Teile (erstmals 1861–1882), Nachdruck in einem Band: Hildesheim 1975.

BRESSLAU: Handbuch (wie oben unter Allgemeines), Bd. 2, S. 1–325.

HANS-WALTER KLEWITZ: Cancelleria, in: Deutsches Archiv für Geschichte des Mittelalters 1, 1937, S. 44–79.

JOSEF FLECKENSTEIN: Die Hofkapelle der deutschen Könige, 2 Bde. (Monumenta Germaniae Historica. Schriften 16/I–II), Stuttgart 1959–1966.

PETER CSENDES (u. a.): Artikel »Kanzlei, Kanzler«, in: LexMA Bd. 5, München/Zürich 1991, Sp. 910–929.

PAUL-JOACHIM HEINIG: Kaiser Friedrich III. (1440–1493). Hof, Regierung und Politik, 3 Teile (Forschungen zur Kaiser- und Papstgeschichte des Mittelalters. Beihefte zu J. F. Böhmer, Regesta Imperii 17/I–III), Köln 1997, zur Kanzlei S. 1–812.

ANDREAS MEYER: Felix et inclitus notarius. Studien zum italienischen Notariat vom 7. bis zum 13. Jahrhundert (Bibliothek des Deutschen Historischen Instituts in Rom 92), Tübingen 2000, vor allem S. 7–172.

WALTER PREVENIER / THÉRÈSE DE HEMPTINNE (HG.): La diplomatique urbaine en Europe au moyen âge. Actes du congrès de la Commission Internationale de Diplomatique, Gand, 25–29 août 1998, Leuven/Apeldoorn 2000.

FRENZ: Papsturkunden (wie oben unter Allgemeines), S. 86–109.

WOLFGANG HUSCHNER: Transalpine Kommunikation im Mittelalter. Diplomatische, kulturelle und politische Wechselwirkungen zwischen Italien und dem nordalpinen Reich (9.–11. Jahrhundert), 3 Teile (Monumenta Germaniae Historica. Schriften 52/I–III), Hannover 2003. – Dazu kritisch HARTMUT HOFFMANN: Notare, Kanzler und Bischöfe am ottonischen Hof, in: Deutsches Archiv für Erforschung des Mittelalters 61, 2005, S. 435–480.

Kapitel 5: Äußere Merkmale der Urkunden: Beschreibstoffe, Layout, Schrift, graphische Zeichen und Beglaubigungsmittel

Zu diesem Kapitel sind die editorischen Einleitungen der Diplomata-Editionen der Monumenta Germaniae Historica jeweils hinzuzuziehen.

LEO SANTIFALLER: Beiträge zur Geschichte der Beschreibstoffe im Mittelalter (Mitteilungen des Instituts für Österreichische Geschichtsforschung. Ergänzungs-Band 16), Graz/Köln 1953.

PAUL RABIKAUSKAS: Die römische Kuriale in der päpstlichen Kanzlei (Miscellanea Historiae Pontificiae 20), Rom 1958.

WALDEMAR SCHLÖGL: Die Unterfertigung deutscher Könige von der Karolingerzeit bis zum Interregnum durch Kreuz und Unterschrift (Münchener Historische Studien. Abteilung Geschichtliche Hilfswissenschaften 16), Kallmünz 1978.

WALTER KOCH: Die Schrift der Reichskanzlei im 12. Jahrhundert (Österreichische Akademie der Wissenschaften. Phil.-Hist. Klasse. Denkschriften 134), Wien 1979.

WALTER HEINEMEYER: Studien zur Geschichte der gotischen Urkundenschrift (Archiv für Diplomatik. Beiheft 4), Köln/Wien ²1982.

BERNHARD BISCHOFF: Paläographie des römischen Altertums und des abendländischen Mittelalters (Grundlagen der Germanistik 24), Berlin ⁴2009.

PETER RÜCK (HG.): Pergament (Historische Hilfswissenschaften 2), Sigmaringen 1991.

PETER RÜCK: Bildberichte vom König. Kanzlerzeichen, königliche Monogramme und das Signet der salischen Dynastie (elementa diplomatica 4), Marburg 1996.

PETER RÜCK (HG.): Graphische Symbole in mittelalterlichen Urkunden. Beiträge zur diplomatischen Semiotik (Historische Hilfswissenschaften 3), Sigmaringen 1996.

FRANK M. BISCHOFF: Urkundenformate im Mittelalter. Größe, Format und Proportionen von Papsturkunden in Zeiten explodierender Schriftlichkeit (11.–13. Jahrhundert) (elementa diplomatica 5), Marburg 1996.

RÜCK: Urkunde als Kunstwerk (wie oben Kapitel 2).

MARTIN HELLMANN: Tironische Noten in der Karolingerzeit (MGH. Studien und Texte 27), Hannover 2000.

ELKE FREIFRAU VON BOESELAGER: Schriftkunde – Basiswissen – (Hahnsche Historische Hilfswissenschaften 1), Hannover 2004.

PETER WORM: Karolingische Rekognitionszeichen. Die Kanzlerzeile und ihre graphische Ausgestaltung auf den Herrscherurkunden des achten und neunten Jahrhunderts, 2 Bde. (elementa diplomatica 10), Marburg 2004.

ANDREA STIELDORF: Siegelkunde – Basiswissen – (Hahnsche Historische Hilfswissenschaften 2), Hannover 2004.

Kapitel 6: Innere Merkmale der Urkunden

Zu diesem Kapitel sind die editorischen Einleitungen der Diplomata-Editionen der Monumenta Germaniae Historica jeweils hinzuzuziehen.

PETER-JOHANNES SCHULER: Geschichte des südwestdeutschen Notariats, Bühl 1976.

HEINRICH FICHTENAU: Forschungen über Urkundenformeln. Ein Bericht, in: Mitteilungen des Instituts für österreichische Geschichtsforschung 94, 1986, S. 285–339 *(mit zahlreichen Literaturhinweisen).*

NOTARIADO PÚBLICO Y DOCUMENTO PRIVADO: DE LOS ORÍGINES AL SIGLO XIV. Actas del VII Congreso Internacional de Diplomática Valencia 1986, 2 Bde., Valencia 1989.

PETER HERDE / HERMANN JAKOBS (HG.): Papsturkunde und europäisches Urkundenwesen (Archiv für Diplomatik. Beiheft 7), Köln/Weimar/Wien 1999.

FRENZ: Papsturkunden (wie oben unter Allgemeines), S. 12–30 u. ö.

Kapitel 7: Die Urkundensprache: Vom Latein zu den Volkssprachen

BRESSLAU (wie oben unter Allgemeines), Bd. 2, S. 325–392.

EMIL SKÁLA: Urkundensprache, Geschäfts- und Verkehrssprachen im Spätmittelalter, in: Sprachgeschichte. Ein Handbuch zur Geschichte der deutschen Sprache und ihrer Erforschung, hg. von Werner Besch u. a., Berlin/New York 1985, S. 1773–1780.

GUYOTJEANNIN / PYCKE/TOCK (wie oben unter Allgemeines), S. 92–102.

HANS-HENNING KORTÜM: Zur päpstlichen Urkundensprache im frühen Mittelalter. Die päpstlichen Privilegien 896–1046 (Beiträge zur Geschichte und Quellenkunde des Mittelalters 17), Sigmaringen 1995.

La langue des actes. Actes du XIe Congrès international de diplomatique (Troyes, jeudi 11 – samedi 13 septembre 2003), hg. von OLIVIER GUYOTJEANNIN; Internetpublikation unter http://elec.enc.sorbonne.fr/CID2003.

HANS-HENNING KORTÜM: Le style – c'est l'époque? Urteile über das »Merowingerlatein« in Vergangenheit und Gegenwart, in: Archiv für Diplomatik 51, 2005, S. 29–48.

URSULA SCHULZE: Studien zur Erforschung der deutschsprachigen Urkunden des 13. Jahrhunderts, Berlin 2011.

Kapitel 8: Die Überlieferung der Urkunden: Original und Abschriften

BRESSLAU (wie oben unter Allgemeines), Bd. 1, S. 86–148.

PETER HERDE / ULRICH NONN / WALTER KOCH / PETER CSENDES / WERNER SEIBT: Art. »Formel, -sammlungen, -bücher«, in: LexMA, Bd. 4, München/Zürich 1989, Sp. 646–655.

JOACHIM SPIEGEL: Art. »Transsumpt« und »Vidimus«, in: LexMA, Bd. 8, München 1997, Sp. 952 f. und 1636 f.

ALFRED GAWLIK: Art. »Kartular«, in: LexMA, Bd. 5, München/Zürich 1991, Sp. 1026 f.

OLIVIER GUYOTJEANNIN / LAURENT MORELLE / MICHAEL PARISSE (Hgg.): Les Cartulaires (Mémoires et Documents de l'École des Chartes 39), Paris 1993.

Kapitel 9: Urkundenfälschungen

Hier werden nur Veröffentlichungen allgemeinen Inhalts angegeben, nicht aber die unübersehbare Fülle von Einzelstudien, die dennoch wegen mitunter weiterführender methodischer Neuerungen heranzuziehen sind.

HANS FOERSTER: Beispiele mittelalterlicher Urkundenkritik, in: Archivalische Zeitschrift 50/51, 1955, S. 301–318.

HORST FUHRMANN: Die Fälschungen im Mittelalter, in: Historische Zeitschrift 197, 1963, S. 529–601.

GILES CONSTABLE: Forgery and Plagiarism in the Middle Ages, in: Archiv für Diplomatik 29, 1983, S. 1–41.

HORST FUHRMANN: Mundus vult decipi. Über den Wunsch des Menschen, betrogen zu werden, in: Historische Zeitschrift 241, 1985, S. 529–541.

Fälschungen im Mittelalter, 5 Bde. und Registerbd. (Monumenta Germaniae Historica. Schriften 33/I–VI), Hannover 1988–1990. – Daraus insbesondere: PETER HERDE, Die Bestrafung von Fälschern nach weltlichen und kirchlichen Rechtsquellen (Bd. 2, S. 577–605); HERMANN DIENER, Strafvollzug an der päpstlichen Kurie im 14. Jahrhundert (Bd. 2, S. 607–626); JENS RÖHRKASTEN, Zur Behandlung der Fälschung im englischen Strafrecht des Mittelalters (Bd. 2, S. 627–659); CARLRICHARD BRÜHL, Die Entwicklung der diplomatischen Methode im Zusammenhang mit dem Erkennen von Fälschungen (Bd. 3, S. 11–27); REINHARD HÄRTEL, Fälschungen im Mittelalter: geglaubt, verworfen, vertuscht (Bd. 3, S. 29–51); ERICH WISPLINGHOFF, Zur Methode der Privaturkundenkritik (Bd. 3, S. 53–67).

ANTHONY GRAFTON: Fälscher und Kritiker. Der Betrug in der Wissenschaft, Berlin 1991.

THEO KÖLZER: Urkundenfälschungen im Mittelalter, in: Karl Corino (Hg.): Gefälscht! Betrug in Politik, Literatur, Wissenschaft, Kunst und Musik, Frankfurt 1992, S. 15–26.

BERND SCHNEIDMÜLLER: Art.»Urkundenfälschung«, in: Handwörterbuch zur deutschen Rechtsgeschichte, Bd. 5, Berlin 1998, Sp. 581–584.

Kapitel 10: Drei Fallstudien – Die Konstantinische Schenkung, das Privilegium maius und die Urkundenfälschungen des Georg Friedrich Schott (Literaturangaben in der Reihenfolge der Beispiele)

HORST FUHRMANN: Art.»Konstantinische Schenkung«, in: Lexikon für Theologie und Kirche, Bd. 6, Freiburg ³1997, Sp. 302–304.

JOHANNES FRIED: Donation of Constantine and Constitutum Constantini. The Misinterpretation of a Fiction and its original Meaning (Millennium-Studien 3), Berlin 2007.

ALPHONS LHOTSKY: Privilegium maius. Die Geschichte einer Urkunde (Österreich Archiv), Wien/München 1957.

PETER MORAW: Das»Privilegium maius« und die Reichsverfassung, in: Fälschungen im Mittelalter (oben unter Kapitel 9), Bd. 3, S. 201–224 *(grundlegende Neuinterpretation gegen Lhotsky).*

EVA SCHLOTHEUBER: Das Privilegium Maius – eine habsburgische Fälschung im Ringen um Rang und Einfluss, in: Peter Schmid/Heinrich Wanderwitz

(Hg.), Die Geburt Österreichs. 850 Jahre Privilegium minus, Regensburg 2007, S. 143–165.

HANS WIBEL: Die Urkundenfälschungen Georg Friedrich Schotts, in: Neues Archiv der Gesellschaft für ältere deutsche Geschichtskunde 29, 1904, S. 653–765.; Nachtrag: 31, 1906, S. 194–196.

Kapitel 11: Neuzeitliches Urkundenwesen

KURT DÜLFER: Urkunden, Akten und Schreiben in Mittelalter und Neuzeit, in: Archivalische Zeitschrift 53, 1957, S. 11–53.

JÜRGEN KLOOSTERHUIS: Amtliche Aktenkunde der Neuzeit. Ein hilfswissenschaftliches Kompendium, in: Archiv für Diplomatik 45, 1999, S. 464–563 *(mit sehr hilfreicher Bibliographie S. 549–560).*

HEINRICH OTTO MEISNER: Aktenkunde, Berlin 1935.

HEINRICH OTTO MEISNER: Urkunden- und Aktenlehre der Neuzeit, Leipzig 1950.

CORNELIA VISMANN: Akten. Medientechnik und Recht, Frankfurt/Main 2000, S. 127–203.

THOMAS VOGTHERR: Urkunden und Akten, in: Aufriß der Historischen Wissenschaften, hg. von Michael Maurer, Bd. 4: Quellen, Stuttgart 2002, S. 146–167.

Kapitel 12: Diplomatik – eine historische Kulturwissenschaft?
(Literaturangaben in der Reihenfolge der Beispiele)

UTE DANIEL: Kompendium Kulturgeschichte, Frankfurt/Main 2001.

MICHAEL MAURER: Kulturgeschichte, Köln u. a. 2008.

HEINRICH FICHTENAU: »Politische« Datierungen des frühen Mittelalters, in: Ders., Beiträge zur Mediävistik, Bd. 3, Stuttgart 1986, S. 186–285 (erstmals 1973).

HANS-MARTIN SCHALLER: Der heilige Tag als Termin mittelalterlicher Staatsakte, in: Deutsches Archiv für Erforschung des Mittelalters 30, 1974, S. 1–24.

HANS-WERNER GOETZ: Kirchenfest und weltliches Alltagsleben im früheren Mittelalter, in: Mediävistik 2, 1989, S. 123–171.

HANNA VOLLRATH: Das Mittelalter in der Typik oraler Gesellschaften, in: Historische Zeitschrift 233, 1981, S. 571–594.

HANNA VOLLRATH: Rechtstexte in der oralen Rechtskultur des frühen Mittelalters, in: Mittelalterforschung nach der Wende 1989, hg. von Michael Borgolte (Historische Zeitschrift. Beiheft N. F. 20), München 1995, S. 319–348.

HAGEN KELLER: Mediale Aspekte der Öffentlichkeit im Mittelalter: Mündlichkeit – Schriftlichkeit – symbolische Interaktion, in: Frühmittelalterliche Studien 38, 2004, S. 277–286 *(und die dort folgenden Beiträge eines einschlägigen Symposiums)*.

HAGEN KELLER: Die Herrscherurkunden. Botschaften des Privilegierungaktes – Botschaften des Privilegientextes, in: Comunicare e significare nell'Alto Medioevo, Bd. 1, Spoleto 2005, S. 231–283.

PETER STOTZ: Handbuch zur lateinischen Sprache des Mittelalters, Bd. 4: Formenlehre, Syntax und Stilistik (Handbuch der Altertumswissenschaft II, 5, 4), München 1998, S. 482–495 zu Cursus und Reim(prosa).

KARL POLHEIM: Die lateinische Reimprosa, Berlin 1925 = ²1963, S. 88–132 zu Reimprosa in Urkunden.

GEOFFREY KOZIOL: The Politics of Memory and Identity in Carolingian Royal Diplomas, Turnhout 2012.

ARNOLD ANGENENDT: Cartam offerre super altare. Zur Liturgisierung von Rechtsvorgängen, in: Frühmittelalterliche Studien 36, 2002, S. 133–158.

RÜCK: Urkunde als Kunstwerk (wie oben Kapitel 2).

HANS BELTING: Bild-Anthropologie. Entwürfe für eine Bildwissenschaft, München 2001.

Alle Internetlinks wurden am 10. Dezember 2016 letztmals geprüft.

Sach- und Personenindex

Nicht erfasst werden Nennungen von Begriffen oder Personen, die lediglich beispielhaft erfolgt sind.

Abbreviator 50, 51
Abkürzungen 11
Abschrift 101, 102, 104, 129, 134
Actum 34, 38, 80, 91, 141.
→ Datierung/Datum
Adelung, Johann Christoph 19
Äußere Merkmale 11, 12, 21, 23, 54–66, 145
Akten 136–139
Apprecatio 34, 38, 81, 83
Arenga 42, 78, 79, 81, 82, 84, 86.
→ Präambel
Argumentatio 78
Ars dictandi 103
Ausfertigung 11, 138
Aushändigung/Behändigung 43, 46, 49
Auszeichnungsschrift 58, 59

Bastarda 58
Beglaubigung/Beglaubigungsmittel 12, 46, 48, 63–66, 80, 102, 104, 106, 138. → Besiegelung, Graphische Zeichen, Siegel, Unterschrift
Behändigung → Aushändigung
Beizeichen (signum speciale) Heinrichs III. 38
Bene-Valete-Zeichen 62, 63, 65, 71, 72, 85, 88
Beschreibstoff 11, 54–56. →Papier, Papyrus, Pergament, Wachstafeln
Besiegelung 46, 48, 80. → Siegel
Bessel, Gottfried 19
Bestrafung von Urkundenfälschungen 112–116. → Urkundenfälschung als Delikt
Beurkundungsbefehl 46, 47
Beurkundungswunsch (Petitio) 91
Bleibulle 65, 70
Brandt, Ahasver von 11
Bresslau, Harry 22, 101
Breve 14, 84

SACH- UND PERSONENINDEX | 161

Brevenregister 107
Brunner, Heinrich 24, 26, 27
Bulle (Siegel) 64. → Bleibulle, Goldbulle
Bulle (Urkundentyp) 14, 84

cancellaria 44. → Kanzlei
cancellariam tenere 51
cancellarius → Kanzler, Notar
Carta 24–27
charta transversa 56
Chartular → Kopialbuch
Chartularchronik 109
Chrismon 32, 33, 35, 59–61, 81, 146
Christogramm 63. → Chrismon
Codex Falkensteinensis 109
Codex Iustinianus 94
Codex Udalrici 103
Corroboratio 47, 64, 80, 83
Cursus 94, 95, 143

Datar 85
Datierung, politische → Politische Datierung
Datierung/Datum 22, 34, 38, 42, 58, 73, 80, 83, 85, 91, 119, 141.
→ Actum, Politische Datierung
Decretum Gratiani 114, 130
Dei-gratia-Formel → Devotionsformel
Deutsch als Urkundensprache 95–100
Devise 65
Devotionsformel 79
Diktat 21, 48, 77
Diplom 13, 14, 30–42, 79, 99, 144.
→ Kaiser- und Königsurkunden
Diplomatische Halbkursive 58

Diplomatische Minuskel 35, 39, 55, 68, 118, 119, 122
discrimen veri ac falsi 17, 110, 137
Dispositio 42, 78, 80–82, 84, 86, 91, 105, 112
Dispositive Urkunde 24–26, 136, 137, 143. → Carta
Donatus Aelius 94

Eberhard von Fulda 109
Eike von Repgow 96
Elongata 32, 33, 35, 38, 58, 70, 75, 80, 81, 86
Empfängerausfertigung 81
Entstehungsstufen neuzeitlicher Urkunden 137
Entwurf → Konzept
Enumeratio bonorum 80
Epilog 78
Erzkanzler 44–46
Erzkapellan 44–46, 61
Eschatokoll 49, 59, 61, 62, 80, 85, 102, 137
Exordium 77
expeditio per cancellariam 50

Falschbeurkundung 112
Fälschung, feststellende 113
Fälschung, freie 111
Fichtenau, Heinrich 22, 78
Ficker, Julius (von) 22
Formeln 77, 89, 101, 103
Formelsammlung/Formelbuch 28, 48, 101, 103, 106. → Ars dictandi, Codex Udalrici, Formulae Andecavenses, Formulae imperiales,

Formulae Marculfi, Liber Cancellariae Apostolicae, Liber Diurnus
Formulae Andecavenses 103
Formulae imperiales 103
Formulae Marculfi 103
Formular 77, 89, 135

Ganzfälschung 111
Gatterer, Johann Christoph 19, 20
Gemmensiegel 64
Gesetz als Typ neuzeitlicher Urkunden 138
Gesta municipalia 27, 28, 52, 53, 92
Goldbulle 64
Gotische Kursive 59
Gotische Minuskel 59, 126
Graphische Zeichen 11, 23, 48, 60–63, 85, 105, 146. → Beizeichen, Bene-Valete-Zeichen, Chrismon, Komma, Kreuzzeichen, Monogramm, Rekognitionszeichen, Rota, Vollziehungsstrich
Große Datierung (bei Papsturkunden) 85, 88
Gruber, Gregor Maxilmilian 20

Halbunziale 58
Handzeichen → Kreuzzeichen
Herrschermonogramm → Monogramm
Herrscherurkunden → Kaiser- und Königsurkunden
Hieronymus, Kirchenvater 94
Hirsch, Hans 23
Hofkapelle 44

Impetrant → Petent

Ingrossator 48
Innere Merkmale 11, 12, 21, 77–91
Inscriptio 70, 79, 84, 86
Insert 105
Interpolation 112, 144
Intervenient 47, 79
Intitulatio 32, 35, 41, 70, 79, 81, 84, 86, 112
Invocatio 32, 35, 60, 61, 79, 81, 91, 138
Judicatur 51
Justinian I., römischer Kaiser (527–565) 94

Kaiser- und Königsurkunden 12, 13, 15, 16, 21, 22, 30–43, 46–49, 54–56, 58, 60, 64, 65, 78–84, 88, 89, 96, 97, 109, 112, 115, 118, 130–134, 137, 143, 144. → Diplom, Mandat, Writ
Kammerregister 107
Kanonisches Recht 116
Kanzlei 12, 21, 43–53, 55, 57, 84–89, 95, 98, 103, 105–107
Kanzleifälschung 112
Kanzleipersonal → Abbreviator, Datar, Erzkanzler, Erzkapellan, Ingrossator, Kanzler, Kanzlist, Notar, Plumbator, Protonotar, Registrator, Skriptor, Siegler, Syndicus, tabelliones, Vizekanzler
Kanzleivermerk 51
Kanzler 45, 46, 61, 80. → Erzkanzler, Erzkapellan
Kanzlist 21, 80
Karolingische Minuskel 33, 34, 58
Kern, Fritz 113
Kleine Datierung (bei Papsturkunden) 85

SACH- UND PERSONENINDEX | 163

Königsurkunden → Kaiser- und
  Königsurkunden
Komma 63, 71, 85
Konstantinische Schenkung 128–131
Konstitutive Urkunde → Dispositive
  Urkunde
Kontext (als Urkundenbestandteil) 33,
  35, 71, 75, 78, 79, 84, 85, 105, 137
Kontextschrift 34, 58
Konzept 43, 46, 48, 51, 56, 101, 102
Kopialbuch 106–109
Kopialbucheintrag 104
Kopiar → Kopialbuch
Kreuzzeichen 60, 63
Kuriale Minuskel 58, 71, 73, 75

Latein als Urkundensprache 28,
  92–96, 98, 99, 129, 133, 135
Liber Cancellariae Apostolicae 103
Liber Diurnus 103
Liber Extra 116
Liniierung 41, 57
Littera(e) 14, 15, 57, 74–76
Litterae cum filo canapis 14
Litterae cum serico 14

Mabillon, Jean 17–20, 145
Majestätssiegel 64
Mandat 13, 14, 56, 67, 68, 79
Minuskelkursive 58
Minuskelschriften → Diplomatische
  M., Gotische M., Karolingische
  M., Kuriale M., Minuskelkursive
Monogramm 34, 38, 48, 60–63, 65,
  80, 83, 85
Motuproprio 15

Mündlichkeit → Schriftlichkeit
  und Mündlichkeit
mundum → Reinschrift

Nachzeichnung 102
Narratio (der Gerichtsrede) 77
Narratio (als Urkundenbestandteil)
  47, 78, 79, 81, 82, 144
Neuzeitliche Urkunden → Urkunden,
  neuzeitliche
Non-Obstantien 84
Notar (Kanzleinotar, notarius,
  cancellarius) 21, 45, 61, 93
Notar, öffentlicher 12, 13, 52, 90, 91
Notar, päpstlicher 50, 51
Notar, städtischer 53
Notariatsinstrumente 13, 89–91
Notariatsvermerk 12, 91
Notarssignet 12, 54, 90, 91
Notitia 24, 25, 26, 27, 143.
  → Traditionsnotiz

Original 101–103, 105, 129, 134.
  → Ausfertigung

Papebroch, Daniel 18, 19
Papier 55, 56
Papsturkunden 13–16, 22, 43, 49–51,
  54, 55, 57, 58, 62, 65, 66, 69–76,
  84–89, 109, 137, 143. → Breve,
  Bulle, Littera(e), Motuproprio,
  Privileg
Papyrus 54–56
Pergament 12, 55, 56
Pertinenzformel 80
Petent 47, 52, 79
Petitio 79, 84, 86

Pflugk-Harttung, Julius (von) 22
Placitum 14
Plica 51, 70
Plumbator 51
Pönitentiarieregister 107
Politische Datierung 142
Präambel von Gesetzen 138. → Arenga
Privaturkunden 13, 15, 28, 43, 52–54, 56, 88, 89, 100, 112, 117–127, 137
Privileg (Papsturkunde) 14, 57, 66, 69–73, 75, 84
Privilegium Maius 131–134
Prokurator 47
Promulgatio 32, 35, 42, 79, 82, 143
Protokoll (als Urkundenbestandteil) 33, 35, 49, 58, 59, 71, 79, 84, 102, 137
Protonotar (Vizekanzler) 46
Protonotar, städtischer 53
Prunkausfertigung 102
Pseudoisidorische Dekretalen 129
Publicatio → Promulgatio

Rasur 51
Register/Registrierung 46, 49, 52, 104, 106–109. → Brevenregister, Kammerregister, Pönitentiarieregister, Registrum super negotio Romani imperii, Sekretregister, Supplik/Suplikenregister
Registertaxe 51
Registrator 46
Registrum super negotio Romani imperii 107
Reinschrift (mundum) 46, 48, 51, 56
Rekognition/Rekognoszierung 38, 45, 59

Rekognitionszeichen 34, 35, 48, 59–61, 63, 80, 83, 146
Rekognitionszeile 80, 83
Römische Kuriale 58
Römisches Recht 25, 28, 93, 116
Rota (als graphisches Zeichen) 62, 63, 71, 72, 85, 88
Rück, Peter 23, 38, 60–62, 146
Rudolph, Ant. 19

Sachsenspiegel 96
Salutatio 84
Sanctio 80, 85, 87
Schott, Georg Friedrich 134, 135
Schreiber, öffentliche 28, 52, 93
Schreiber, private → tabelliones
Schriftarten → Urkundenschrift
Schriftlichkeit und Mündlichkeit 79, 142, 143
Scrittura bollatica 58
Sekretregister 107
Semiotik 20, 23, 146
Sickel, Theodor (von) 21–23, 44, 45, 135
Siegel 12, 34, 39, 42, 51, 62, 64, 65, 68, 83, 91, 102, 108, 118, 119, 122, 123, 126, 138. → Besiegelung, Bleibulle, Bulle, Gemmensiegel, Goldbulle, Majestätssiegel, Thronsiegel
Siegeltaxe 51
Siegelurkunde 53, 89, 114, 115
Siegler 46
Signatur (auf einer Supplik) 50
Signum speciale → Beizeichen
Signumzeile 34, 38, 59, 62, 80, 83
Skriptor 51
Skriptorenvermerk 71

Stadtbuch 53, 90
Steinacker, Harold 27
stilus curiae 50
Supplik/Supplikenregister 50, 107
Syndicus, städtischer 53

tabelliones 28
Tassin, René Prosper 19
Taxierung 46, 49, 51
Thronsiegel 64
Tironische Noten 34, 59, 60
Totalfälschung 111
Toustain, Charles François 19
traditio cartae 26
traditio per cartam 26
traditio super altare 27, 144
Traditionsnotiz 12
Transsumpt 104–106

Überlieferung 101–109
Unterschrift 12, 48, 58, 60, 62, 63, 65, 66, 71, 80, 85, 88, 138
Urkunden, neuzeitliche 16, 136–139
Urkundenabbildungen 145–147
Urkundenbegriff 11
Urkundenbestandteile → Apprecatio, Arenga, Corroboratio, Datierung/Datum, Dispositio, Enumeratio bonorum, Eschatokoll, Inscriptio, Intitulatio, Invocatio, Kontext, Narratio, Non-Obstantien, Pertinenzformel, Petitio, Promulgatio, Protokoll, Rekognitionszeile, Salutatio, Sanctio, Signumzeile, Verewigungsformel
Urkundenfälschung als Delikt 12, 21,
110, 116. → Bestrafung von Urkundenfälschungen
Urkundenfälschungen (Spurium, Pl. Spuria) 110–116, 128–135, 137.
→ Fälschung, feststellende, Fälschung, freie, Falschbeurkundung, Ganzfälschung, Kanzleifälschung, Totalfälschung, Verfälschung
Urkundenformat 23, 32, 41
Urkundenformeln → Formeln
Urkundenformular → Formular
Urkundeninschriften 56
Urkundenlayout 23, 41, 56, 57, 89, 145
Urkundenlehre (Diplomatik) als Kulturwissenschaft 140–147
Urkundenschrift 23, 57–60, 102.
→ Auszeichnungsschrift, Bastarda, Diplomatische Halbkursive, Diplomatische Minuskel, Elongata, Gotische Kursive, Gotische Minuskel, Halbunziale, Karolingische Minuskel, Kontextschrift, Kuriale Minuskel, Minuskelkursive, Römische Kuriale, Scrittura bollatica
Urkundensprache 11, 28, 77, 92–100.
→ Deutsch, Latein, Volkssprachen

Verewigungsformel 84, 86
Verfälschung 112
Vertrag als Typ neuzeitlicher Urkunden 138, 139
Vidimus 104–106
Vizekanzler → Protonotar
Volkssprachen als Urkundensprachen 92, 93, 96–100

Vollziehung 46, 48
Vollziehungsstrich 48, 49, 62, 65, 80
Vorakt 48, 52
Vorurkunde 47, 105

Wachstafeln 56
Will 100

Writ 99

Zeichen, graphische → Graphische Zeichen
Zeugen/Zeugenliste 42, 47, 48, 80, 81, 144
Zurichtung des Pergaments 57

Andrea Beck / Klaus Herbers /
Andreas Nehring (Hg.)

Heilige und geheiligte Dinge

Formen und Funktionen

BEITRÄGE ZUR HAGIOGRAPHIE – BAND 20

Die Autorinnen und Autoren dieses Bandes erweitern mit ihren Beiträgen den aktuellen Forschungsdiskurs zur Einordnung des Heiligen, seiner Zuschreibung, aber auch seiner Zerstörung. Der Schwerpunkt liegt dabei auf heiligen und heilig machenden Gegenständen wie Altären, liturgischen Gefäßen, Glocken, Reliquien, Pilgerzeichen und Schriftrollen oder – abstrakter – der Schrift. Aber auch das Körperliche und seine Beziehung zum Dinglichen werden aufgegriffen.

Die Aufsätze entstammen der Religionswissenschaft, Kunstgeschichte, Theologie, Orientalistik, Geschichte, Indologie, Archäologie und der Mittellateinischen Philologie. Theoretische Einführungen und praktische Beispiele ermöglichen den Zugang zum numinosen Phänomen heiliger und geheiligter Dinge

2017
276 Seiten mit 24 Farb- und
34 s/w-Abbildungen
978-3-515-11549-0 KART.
978-3-515-11551-3 E-BOOK

Hier bestellen:
www.steiner-verlag.de

Cordula Kropik

Moralsatirische Selbstbespiegelung eines (pseudo-)anonymen Alkoholiker

Helius Eobanus Hessus' *De generibus ebriosorum et ebrietate vitanda*

JENAER MEDIÄVISTISCHE VORTRÄGE – BAND 5

Wer ist der Verfasser der Abhandlung ‚Über die Arten der Betrunkenen und die Vermeidung der Trunkenheit'? Was veranlasste ihn dazu, sein Werk anonym zu publizieren, und wie gelingt es ihm, die eigene Person gerade dadurch ins Licht dichterisch-akademischer Exzellenz zu rücken?

Ausgehend von diesen Fragen unternimmt Cordula Kropik eine umfassende Deutung des 1515 in Erfurt gedruckten neulateinischen Textes. Die Recherche in der literarischen Landschaft der Frühen Neuzeit verhilft ihr dabei zur Begegnung mit einem Autor, dessen ingeniöse Selbstbespiegelung als aufstrebender Hochschuldozent in vielerlei Hinsicht bis in die jüngste Gegenwart hinein Geltung beanspruchen darf.

84 Seiten mit 4 Abbildungen
978-3-515-11204-8 KART.
978-3-515-11208-6 E-BOOK

Hier bestellen:
www.steiner-verlag.de